Thermal Plasma Treatment for Shipboard Solid Waste and Economic Analysis

船舶固体废物
等离子体处理及经济性分析

杜长明　蔡晓伟　陆胜勇　丁佳敏　等 编著

化学工业出版社
· 北 京 ·

内容简介

本书以船舶固体废物等离子体处理的经济性分析为主要内容,共分为 7 章。主要内容包括船舶固体废物的种类、危害以及主要处理技术简介,热等离子体处理固体废物技术,等离子体处理船舶固体废物经济模型,船舶等离子体处理系统经济模型计算,船舶等离子体系统经济模型赋值结果与分析,船舶等离子体系统的设计等内容。

本书具有较强的系统性和实用性,可供高等学校环境科学与工程、船舶工程及相关专业师生参考使用,也可供从事固体废物处理处置、船舶环境保护等的科研人员、工程技术人员和管理人员参阅。

图书在版编目(CIP)数据

船舶固体废物等离子体处理及经济性分析 / 杜长明等编著. —北京: 化学工业出版社,2022.11(2023.8 重印)
ISBN 978-7-122-41920-0

Ⅰ. ①船… Ⅱ. ①杜… Ⅲ. ①船舶-固体废物处理-经济分析-研究
Ⅳ. ①X736.3

中国版本图书馆 CIP 数据核字(2022)第 137883 号

责任编辑: 卢萌萌 刘兴春
文字编辑: 张瑞霞 骆倩文
责任校对: 宋 玮
装帧设计: 史利平

出版发行: 化学工业出版社
　　　　　(北京市东城区青年湖南街 13 号 邮政编码 100011)
印　　装: 北京天宇星印刷厂
710mm×1000mm 1/16 印张 10 字数 169 千字
2023 年 8 月北京第 1 版第 2 次印刷

购书咨询: 010-64518888
售后服务: 010-64518899
网　　址: http://www.cip.com.cn
凡购买本书,如有缺损质量问题,本社销售中心负责调换。

定　　价: 98.00 元

前言

　　日益增长的海上贸易、海上交通与旅游，导致船舶固体废物的产生量以及其引起的污染问题越来越突出。尤其对于大中型船舶来说，产生的大量固体废物不仅占用面积大、污染船舱环境，还会影响人体健康。如果固体废物排入海洋，富营养化作用及恶臭、威胁海洋生物及其栖息地、航行安全隐患等问题会严重影响海洋环境及海上交通。当前我国航运业竞争激烈，但是为了追求短期利益，以小型航运公司居多。因此大部分船舶并没有处理固体废物的能力。而现阶段全球造船行业需求已由欧美向中日韩转移，升级船舶固体废物的处理设备对于发展我国船舶工业、海上运输业以及其他相关行业具有重大的现实意义。

　　热等离子体技术在环境领域具有巨大的发展潜力，不仅能用于解决船舶固体废物的处理处置问题，还能对资源进行回收。一项新技术的经济性对于其发展至关重要，尤其是热等离子体废物处理系统这种高耗电技术。因此，本书进行了中大型船舶固体废物热等离子体气化发电系统的经济性分析，基于净现值法建立了基础项目与清洁发展机制项目（CDM 项目）的处理价格经济模型。然后，结合中大型船舶固体废物的性质、固废行业的经济数据、国内外城市固体废物等离子体处理厂的建设投资运行情况、CDM 项目的交易成本估算及碳减量的计算方法，估算了基础项目的投资成本、现金流量中各项资金收付以及 CDM 的额外投资成本、运行成本与碳交易收入，以船舶固体废物等离子体气化发电系统运行能量平衡分析为基础计算项目的发电量、耗电量与并网电量，从而具体化对应的经济应用情景。最后提出了一些关于船舶固体废物等离子体处理系统的建议。希望有更多的人关注采用等离子体系统来处理船舶上的固体废物。

　　本书首次对船舶固体废物等离子体处理进行经济分析，凝聚了等离子体处理固体废物的研究成果。并且在经济分析中引入了清洁发展机制下的减排情境，既可探讨其对等离子体技术进步的影响，也可分析等离子体技术带来的 CO_2 减排效应，对于我国实现碳中和具有重要的参考意义。本书旨在研究在船舶上建立等离子体处理系统的经济可行性，以弥补这部分研究的不足。本书具有较强的技术应用性和针对性，可供从事环境、能源、等离子体、材料、化学等领域的科研人员和管理人员参考，也可供高等学校环境科学与工程、生态工程及相关专业师生参阅。

　　感谢浙江省自然科学基金（LZ20F010001)和国家自然科学基金（61871409）的研究资助；同时感谢饶景翔所付出的辛勤劳动。

　　限于编著者水平及编写时间，书中不足及疏漏之处在所难免，恳请读者及同行谅解和帮助指正。

编著者

2022 年 10 月

目录

第 3 章
等离子体处理船舶固体废物经济模型

47

第 4 章
船舶等离子体处理系统经济模型计算

67

第 5 章
船舶等离子体处理系统经济模型赋值结果与分析　　99

第 6 章
船舶等离子体系统的设计　　　　　　　　　　　　　127

第 7 章
结论与展望　　　　　　　　　　　　　　　　　137

附录　　　　　　　　　　　　　　　　　　　141

第 1 章

船舶固体废物

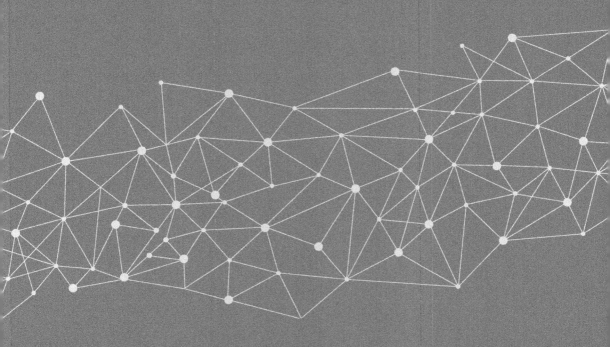

概述

　　海上运输是现代世界贸易、制造业供应链和人们交通出行不可缺少的一环，其中约有 4/5 的世界商品贸易是由其承担的。据联合国贸发会议（UNCTAD）统计显示（如图 1.1 所示），全球海上贸易总吨位大约以每年 3%的速率递增，在 2018 年虽然只有 2.7%的增速，但已达到约 11 亿吨。另外，在经济全球化、中产阶层数量增加以及网络信息获取便捷化的推动下，海上旅游（邮轮旅游）成为增长最快的旅游板块。据邮轮市场观察（Cruise Market Watch）的数据统计，从 1990 年至 2019 年，全球海上旅客的数量从 377.4 万人次增至约 2750.9 万人次，年增长率为 6.63%。对于我国来说，虽然我国本土邮轮企业状况低迷，但是我国邮轮产业经历了十多年的发展，2018 年全国沿海港口邮轮出入境旅客就已达到 488.69 万人次，邮轮市场在规模与活力度方面均为亚太地区之最。在"一带一路"倡议的带动下，一个多层次、全方位、崭新的国际经济合作平台已初具规模，可以为沿线各国带来政治、军事、经济与贸易等方面的合作机遇。

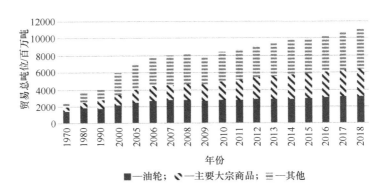

图 1.1　历年全球海上贸易总吨位

（数据来源：UNCTAD）

　　日益增长的海上贸易、海上交通与旅游对环境、社会与经济的影响越发显著，其中就包括固体废物的增长带来的处理处置问题。在经济贸易上，货物运输和旅客出行产生的船舶固体废物数量增长不可忽视；在军事上，随着我军远洋航行任务的需求增长，船舶上提升现场无害化处理固体废物的能力也变得格外重要。船舶固体废物不仅会造成船舰内部空气质量的恶化，影响人员的身体健康，而且由于各海洋环境保护公约的制约，固体废物不能随意排放到海洋中，船舶如若未配备合适的固体废物处理设施，不符合某些港口的废弃物排放法规也可能被拒绝入港，这些因素严重制约了军舰在世界水域的持续航行范围。另外，从军舰作战的角度考虑，固体废物急需最小化处理的原因在于减小固体废物的产生痕迹，防止船舶后漂浮的残渣传递给敌人有用的信息。

船舶在航运过程中会产生大量的固体废物，为了应对这一情况，除了加强源头控制与废物管理以外，引进先进的固体废物处理系统也是必要的策略之一。但相对于陆地上的废物管理，目前船舶废物的管理在科学界缺乏重视。航运的可持续发展不仅涉及船舶自身，还必须包括其整个生命周期中的一切相关领域。因此，作为可持续发展的重要一环，船舶固体废物的产生、收集、处理和处置以及能源的消耗与回收都应得到重视。从设计的角度看，废物管理与处理系统在船舶设计与建造期间就应综合考虑，而不是废物管理系统不得不去适应船舶的布局。同时，积极探索新技术在船舶上的运用对于提高船舶的整体能源效率、减少海洋污染以及削减碳排放等具有重大意义。然而船舶废物管理的处理环节中，也很少有研究分析船舶固体废物处理新技术的运用与可行性。

固体废物污染是海洋污染问题不可忽视的组成部分，这其中既有垃圾产量日渐增长的原因，也有船舶工业的影响。而人类在不断试图控制海洋的同时，也逐渐认识到保护海洋环境的重要性。随着 MARPOL73/78 附则 V 等国际海洋保护法律法规的签署，往海洋倾倒垃圾受到严格限制和禁止。其中，设置特殊海域与特别敏感海域等意在法律上赋予某些海域更高的环境保护级别，因为这些海域保护在生态、社会经济、科学等方面具有特殊意义。管理海洋污染的国际管理机构、国际海事组织（International Maritime Organization，IMO）在这其中起到不可或缺的作用。

我国航运业竞争激烈，以小型航运公司居多，然而追求短期利益的现象比较普遍，船舶节能环保意识比较欠缺，因此船舶固体废物管理或处理设备严重不足。目前，国内船舶垃圾主要采取贮存转岸接处理的方式，因此大部分船舶并没有安装焚烧炉或者少数具备焚烧条件的船舶由于设备年久失修、垃圾管理策略等原因基本处于闲置状态。但这并不意味着我们可以不注重船舶固体废物处理新技术的研究与应用，而是应该充分发挥后发优势，不断提高船舶的现代化水平。目前全球造船行业需求已由欧美向中日韩三国转移，但我国高技术船舶竞争仍然较弱，升级船舶固体废物的处理设备对于发展我国船舶工业、海上运输业以及其他相关行业具有重大的现实意义。

1.2

船舶固体废物的产生、分类及危害

1.2.1　船舶固体废物的产生

船舶上几乎每一个活动都会产生固体废物。船舶上的固体废物包括餐厨垃圾、金属、塑料、纸、纺织品、木料、医疗垃圾、玻璃、陶器和油泥等。IMO 曾估算船舶垃圾产生量为 3.5kg/（人·d）。一艘载有 3000 名乘客的船舶每周可产生 50～70t 的一般固体废物。可以说，人数的多寡是船舶固体废物产生的主要影响因素，餐厨垃圾与污泥是产生量最多的固体废物类型。

船舶餐厨垃圾的比例和类型因国家而异，由许多因素决定，例如航行时间、饮食习惯、食物设备、船舶类型等。如表 1.1 所列，载客的客船、邮轮餐厨垃圾产生量最大，船舶类型是餐厨垃圾产生量多寡的主要影响因素。

表 1.1　船舶餐厨垃圾产生量

国家	船舶类型	人数	产生量/（人/d）
—	油/化学品船	—	0.48kg
—	货船	—	0.67kg
—	渔船	—	0.28kg
—	近海船	—	0.21kg

国家	船舶类型	人数	产生量/（人/d）
—	客船	—	1.04kg
—	邮轮	3780	1.3L
—	邮轮	4500	3.5kg
—	—	—	1.4～2.4kg
澳大利亚	军舰	207	0.54～0.98kg
美国	军舰	—	0.6kg

船舶污泥主要来自生活污水和含油污水（含油压载水、含油洗舱水和机舱水）。油渣（也称为油泥）是一种黑色、呈焦油状、黏度高的包含油、水和固体的废物，主要是来自燃料或润滑油净化后产生的废物，例如，点滴盘收集的油，油分离、过滤设备产生的废油以及废润滑油与废液压油等。未经处理的邮轮油泥拥有不同的含水率（20%～90%），这种油泥利用船上的油水分离器通过倾斜或离心的方法脱水，脱水后的油泥平均含水率在 30%～50%之间。

1.2.2 船舶固体废物的分类

船舶固体废物的管理拥有严格的分类要求，《船舶垃圾记录簿》需要按分类进行详细记录。《2017 年 MARPOL 附则 V 实施指南》建议船舶固体废物分为 5 类：

① 不能回收的或混杂有其他垃圾的塑料品；

② 破布；

③ 可回收利用材料：塑料制品（如聚苯乙烯泡沫）、玻璃、金属、波纹纸板、硬纸板、铝罐、食用油、纸、木材；

④ 电子垃圾（如计算机、电子卡、仪器设备、机械配件、打印机墨盒等）；

⑤ 危险废物（如浸油的抹布、灯泡、酸、化学药品、电池等）。

一些船舶固体废物，如餐厨垃圾以及其他极易滋生蚊蝇和病菌的废物需要分类后单独存储在带标识的密封容器中。因此，严格的分类方便船舶固体废物的管理，可以在一定程度上避免不当排放，有利于垃圾上岸后得到合适的处理与处置。

根据船舶固体废物热值的差异，船舶固体废物大体可分为 3 类：a. 高热值废物（如塑料）；b. 中等热值废物（如纸张、纸板）；c. 低热值废物（如高含水量的废物）。同时，各类废物的形态也各不相同。以前大部分船舶固体废物都是直接丢弃于海洋之中，给海洋环境造成了巨大的污染。例如，将塑料垃圾随意丢弃于海洋，造成海洋环境中的"白色污染"，但这早已经被越来越严格的海洋法律法规所禁止。

一些船舶固体废物同样具有危险特性，必须依照我国 2019 年批准的《危险废物鉴别标准 通则》鉴别为危险废物或非危险废物。船舶上产生的危险废物量虽少，但危害性大。主要种类包括：烃类以及氯化烃类、医疗废物（包括过期的药品和药剂）、清洁去污类废弃物、废油漆、废染料、废涂料、废油墨、含汞或荧光的电池、电灯泡重金属和废弃化学品等。

1.2.3 船舶固体废物的危害及影响

1.2.3.1 富营养化作用及恶臭

海上运输主要通过两种方式向海洋输入氮元素：一是含氮物质先随大气排放后溶解于海水中；二是直接排放。其中，海上运输对全球的大气污染影响显著，据统计，商业航运的氮排放量占全球的 4%～14%。这些氮污染主要来源于各类船舶废水以及含氮有机固体废物。

船舶涉及的富营养化作用以餐厨垃圾与污水为主，它们的直接排放会在一定程度上造成海域的富营养化。以波罗的海为例，理论上来源于餐厨垃圾与污水的年氮磷排放量如表 1.2 所示。有关研究表明：过量的氮输入会轻微改变某些特定的反应途径，如蓝藻的生长因其他官能团利用多余的氮而受到影响，同时硅藻特别是鞭毛虫的生物量由于营养过剩而增加；一个海域的生态系统功能通过减少氮的固定作用和增加反硝化作用，调节船舶氮源的持续输入，使得海水中的总氮含量趋于稳定。磷源的输入会促进磷元素向沉积物聚集，水中磷含量下降。富营养化作用使水体中氧含量降低，在一定范围内会达到稳定状态，但若水中的溶解氧消耗过多，会极大影响水体的自净能力。除了影响海洋的氮磷循环，船舶餐厨垃圾的排放还会从其他方面影响海洋环境。不只餐厨垃圾，入海的固体废物或融入海水或成堆漂浮，从而导致水体变质发臭。

表1.2 船舶餐厨垃圾与污水的年排放氮磷理论值（以行驶于波罗的海中的船舶为例）

船舶类型	氮（N）/（t/a）		磷（P）/（t/a）	
	餐厨垃圾	污水	餐厨垃圾	污水
渡轮	29.6	112.5	5.5	37.5
邮轮	118.23	107.25	21.99	35.75
货轮	34.58	131.4	6.43	43.8
总计	182.41	351.15	33.92	117.05

1.2.3.2 威胁海洋生物及其栖息地

船舶产生或其他陆源的固体废物排放至海洋，给水体环境造成了严重的污染，威胁海洋生物及其栖息地。传统海洋固体废物污染研究包括塑料垃圾以及遗弃、遗失或其他丢弃的渔具（简称 ALDFG）等。固体废物对海洋生态最直接的影响是破坏海岸线、珊瑚礁等生物栖息地，上至海面漂浮、下至海床沉积，都有海洋垃圾的踪影。不仅如此，固体废物还会对海洋生物造成许多直接的物理伤害，如直接缠绕使其行动受阻或窒息死亡、吞食堵塞消化器官等（见图 1.2）。据相关研究统计，因为遭受海洋垃圾缠绕或堵塞食道而死亡的海洋生物种类至少有 639 种，其中 76.5% 的报告中将塑料碎片列为罪魁祸首，92% 的具体海洋生物体死亡案例由塑料引起。海豹、海龟、海鸟以及其他海洋生物因被丢弃的渔网、塑料薄膜缠绕或误食垃圾而导致窒息甚至死亡的例子比比皆是。

造成污染的塑料垃圾一般可分为大尺寸、中尺寸、微米、纳米，目前对这一分类的尺寸范围未有确定的定义。一般而言，微米级的塑料颗粒尺寸在 $1\mu m \sim 1mm$ 范围内，而纳米级则 $<1\mu m$。微塑料又可分为初生与次生两大类：前者是人类制造时便具有微米级别以下的塑料，后者是大块的塑料经过各种作用分解而成。绝大部分海洋塑料污染来源于陆地。研究人员在 2010 年对 192 个沿海国家进行估算，每年有（4.8～12.7）百万吨陆源塑料以各种途径进入海洋。这部分塑料对沿海影响较大。据研究人员的估算，全球海洋中至

船舶固体废物等离子体处理及经济性分析

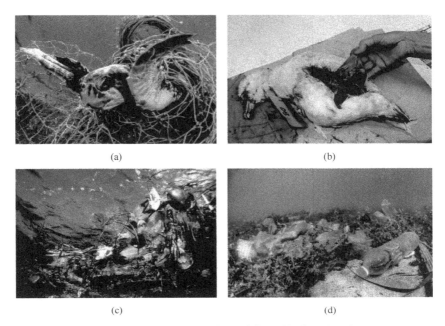

(a)   (b)

(c)   (d)

图 1.2 海洋固体废物对海洋生物及其栖息地的影响

少存在 5.25 万亿各种尺寸的塑料颗粒，重达 26.894 万吨，其中>4.75mm
尺寸的占 86.8%，而<4.75mm 尺寸的占 13.2%。由于塑料的悬浮性和难降
解性，其通过多种不同的迁移方式而在海洋中分布广泛，并可能在迁移过程
中吸附其他有害物质。在人迹罕至的南极和北极人们都发现了微塑料的存
在。尤其是南极，人们以往认为这里不会存在微塑料污染，但是近年的研究
和公众科学项目在深海沉积物以及地表水中都发现有微塑料的踪迹。而微塑
料能够储存在北极冰层并随着冰层迁移，随着北极的进一步开发，冰层中的
微塑料含量势必会继续上升并且随着部分地区的季节性海冰融化而释放。
部分具有吸光特性的颗粒还可能加速冰雪圈的升温并加快冰层的融化。最
新研究发现，超深海底 10890m 以下也出现了微塑料污染，从而证实了微
塑料已到达我们星球的海底最深处。从三个最深的海沟沉积物中发现微塑
料表明，微塑料已经积聚在地球上最深的角落底部，每千克干重沉积物平
均富集 71.1 个（即每升干重含 89.6 个）。

    塑料的毒性作用分为两方面：一是塑料自身携带的毒性物质；二是塑料
颗粒可作为多种具有持久性、生物累积性的有毒污染物的载体。前者如单体
残留物、增塑剂、着色剂、阻燃剂等，后者例如多氯联苯（PCBs）、DDTs、

多环芳烃（PAHs）等多种持久性有机污染物（POPs）以及金属污染物都能被塑料颗粒吸收。这些毒性物质一般通过吞食摄取的方式累积在海洋生物的脂肪组织，其毒性效应包括但不限于降低繁殖培育成功率、存活率，使细胞中毒，改变免疫功能、酶功能和基因的表达。不同尺寸的塑料垃圾在食物网中可能的摄取和营养转移模式如图1.3所示。尤其是微米级以下塑料对人类和动物的危害受到越来越多的关注。受海洋区域、气候、塑料颗粒大小的影响，塑料所携带的污染物含量有较大的差异。根据对以往研究文献的统计发现，平均每克塑料颗粒含有45ng PCBs、5ng HCHs、20ng DDTs和2500ng PAHs。比起大块塑料，微塑料是具有更大比表面积的疏水材料，因而更容易在其表面吸附这些有害的化学物质（疏水性污染物），从而导致其传播范围更广。也正是因为其巨大的比表面积，微塑料颗粒在生物组织或细胞边界转移以及它们与环境中的其他化学物质的相互作用更为显著，其影响更多样、更复杂。许多海洋生物在摄入微塑料后，会在食物链中富集。通过干扰进食和繁殖（如高浓度的塑料颗粒使孵化成功率降低，幼年生物生长迟缓、死亡率上升），对海洋生物的繁殖力、后代质量和存活率产生很大的影响。这些颗粒还有可能到达大脑并导致一系列神经毒性作用，如诱导氧化应激可能导致细胞损伤和神经紊乱，抑制乙酰胆碱酯酶活性和改变神经递质水平。

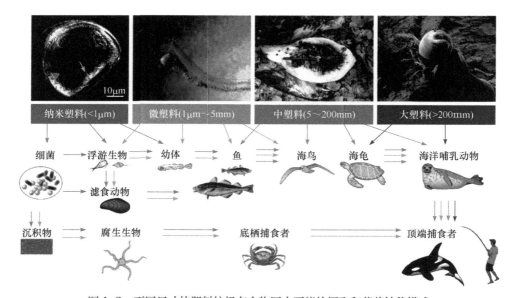

图1.3 不同尺寸的塑料垃圾在食物网中可能的摄取和营养转移模式

船舶固体废物等离子体处理及经济性分析

根据 MARPOL73/78 公约，缔约方的船舶在其专属经济区和国家管辖范围以外的水域都禁止丢弃塑料垃圾（包括其他固体废物）。无疑，这需要强有力的监测、控制和监督系统及机制，从而保证小至渔船、大至巨型船舶都能够遵守有关规定。

1.2.3.3　航行安全隐患

除了对海洋生物造成严重的负面影响外，由海洋垃圾引起的航行危险及其相关的安全问题也不容忽视，主要表现在如下几个方面。

（1）对船体设备的缠绕或污染

渔网、绳索和其他遗弃的渔具等海洋垃圾有可能会缠住或污染某些船舶的设备（螺旋桨或其轴部、船舵、传动装置、进水口等），致其稳定性降低甚至无法正常工作。塑料袋是导致船舶进水口堵塞最常见的原因，水泵空转若没及时发现就有烧毁的可能。若在海上能见度低的情况下，船舶可能会偏离航道，遇到恶劣天气和海况的时候则会更加危险。

（2）底层垃圾对非船体设备的污染

如污染船锚、科考船的研究设备或渔船的捕鱼设备，这些都可能给船舶及船上人员带来危险或经济损失。

（3）碰撞作用

如螺旋桨轴封与垃圾的碰撞造成的损害。

（4）排除故障对船员的潜在威胁

潜水员在水下清理这些影响航行的垃圾时，无论在何种海况下，靠近船体作业都具有一定的危险系数。

诸如此类的故障或事故不仅产生昂贵的维修费用，耽误航行时间，而且将船舶和船员都置于危险之中，尤其是在恶劣的海况下。因为大多数此类事件都没有报告，海洋垃圾残骸和船只之间的破坏性碰撞的真实范围和频率很难计算。这些海洋垃圾中危害性最大的当属遗弃、遗失或其他丢弃的渔具，由它引起的问题也越来越受到人们的关注。这种类型的海洋垃圾的形成，可能是无意的，也可能是有意的。这些垃圾在全球的海洋垃圾中只占不到10%（体积分数），但是危害性却是巨大的。

1.2.3.4　对船舶环境及人体健康的影响

固体废物对人体健康的危害性可由微生物、化学或物理因子引起。尖锐物体本身就具有刺伤人的危险性并且可能带有传染性因子，如使用过的耳咽管就是一个很好的例子，并且它可传播丙肝病毒和艾滋病病毒。放射性、化学和生物废物以及过期药品、保健废物、实验室废物和兽医废物等医疗废物如果管理不当，也会致使危害风险不断增大。这些有害废物禁止向水体投放意味着在一定时间内必须将其妥善保存在船舶上。对于船员来说，包装和储存有害废物的过程本身就具有危害性，如果储存的有害废物发生溢出或泄漏，危害性更加巨大。

固体废物尤其是餐厨垃圾散发的异味会造成船舶内部空气质量的恶化，影响船上人员的身体健康。同时在历史上，船舶也曾经在全球传染病传播方面扮演重要角色。船舶上的生活垃圾如若没有有效管理，往往会吸引鼠类、苍蝇、蚊子和蟑螂等病媒动物或昆虫，从而可能造成病原体的传播和感染。尤其是餐厨垃圾这些容易腐烂发臭的固体废物必须用防水、无吸收性并且容易清洁的容器接收和存放，保障船舶上的卫生条件。如果航行期间船员和乘客被感染，会对他们的健康和生命造成严重威胁。并且在船上通常很难进行早期诊断和妥善处置，船舶靠岸后通过船上人员或媒介将疾病传播到港口，后果更加不堪设想。

1.3
船舶固体废物的主要处理方式

总吨位在 100t 以上的船舶，或者批准载客 15 人以上的船舶，应当按照有关指引制订并严格执行船舶垃圾管理计划。船舶垃圾管理计划还需得到行政许可，一般是船籍港所在地分支海事局对该计划进行审批签注。典型的船舶固体废物管理计划包括收集、处理、贮存和排放四个阶段，通用的程序流程如图 1.4 所示。

船舶固体废物的主要处理方式包括粉碎后直接排放、减容贮存转岸接处理以及焚烧，当然也包括一些先进的热处理技术，本书只介绍等离子体处理方法。

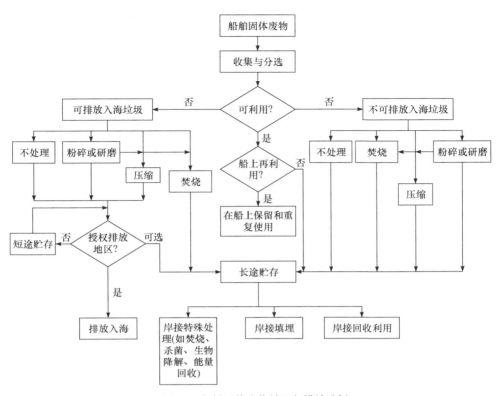

图 1.4 船舶固体废物处理与排放选择

1.3.1 粉碎后直接排放

　　船舶固体废物中可以粉碎后直接排放的固体废物类型极少（如餐厨垃圾），且限制条件较多。根据国际海事组织（IMO）对船舶垃圾排放的规定（2013 年 1 月 1 日生效的 MARPOL73/78 附则 V 修正案），经粉碎后研磨的餐厨垃圾，在特殊海域外排放需距最近陆地不少于 3n mile（1n mile=1.852km）并且尽可能远离，在特殊海域内距最近陆地或最近冰架不少于 12n mile 并且尽可能远离，在海上平台及靠泊在平台上和距离平台 500m 以内的所有船舶排放餐厨垃圾则需要距离最近陆地不少于 12n mile；未经粉碎或研磨的餐厨垃圾只能在特殊海域外排放，距离最近陆地不少于 12n mile 并且尽可能远离。其中，粉碎或未经粉碎的食物垃圾要求能通过网孔为 25mm 的滤网。

　　不同规模、不同出海时间的船舶直接排放的餐厨垃圾比例、产生量有所不同。由表 1.3 可知，客轮的餐厨垃圾产生量最多，一般预先粉碎后存储，只有约 2%排放入海,98%在靠岸后由港口接收设施(PRF)接收。在这些案例中,散货船在未进行粉碎等处理的情况下将餐厨垃圾直接排放入海,违反了 MARPOL73/78 附则 V 的相关规定。散装干货船将餐厨垃圾单独存放于密封容器,而普通货轮则将大部分餐厨垃圾粉碎后排放入海。

表 1.3　四种不同船舶类型餐厨垃圾处理案例

船舶类型	出海时间/d	产生量/m³	处理量/m³	入海量/m³	岸接处理量/m³	排放率/%
客轮	21	181	4	4	177	2.21
散货船	130	4.11	0	2.40	1.70	58.39
散装干货船	140	2.75	1.42	1.42	1.33	51.64
普通货轮	90	1.25	1.15	1.15	0.1	92

1.3.2　减容贮存转岸接处理

大部分固体废物(包括但不限于塑料、纸制品、渔网、煤渣、玻璃、食用油、漂浮货垫、瓶罐、绳索、包装材料、纺织品、金属、陶瓷及制品等)都是禁止排放入海的。因此在世界范围内,船舶固体废物在船舶上粉碎、压缩后打包暂存都是最常见的处理方式。这种方式通常需要对固体废物实施分拣、分类处理,根据固体废物的特性采用不同的减容方法进行处理,例如粉碎、压缩,对于易腐烂的或者有异味的固体废物,往往还需要先进行高温消毒与除臭。

减容处理之后既可以减小固体废物的存放体积,又可在船上保持一定的卫生条件。这种处理方式需要在船舶进港后转岸接处理,因此需要合适的港口接收设施的支持。为了适应全球航海活动的持续增长,各主要港口需增强各类船舶废物的接收和处理能力。《2017 年 MARPOL 附则 V 实施指南》中就建议船舶把使用港口接收设施作为所有垃圾排放的主要处理方式。

1.3.3　焚烧炉焚烧

焚烧是一种高温热处理技术,使用焚烧的方法处理船舶固体废物,可使废物减容 85%以上、减重 90%以上，处理周期短，不要求港口码头拥有接收固体废物的能力，可以大大减少固体废物占据的空间，也最大限度减少了废物发臭污染船内空气的问题。然而，目前，我国的船舶很少使用焚烧炉。国内外投入使用的船用焚烧炉有几十种，主要有 5 种功能：a. 可同时处理固体废物和废油；b. 可同时处理废油和污泥污水；c. 综合处理废油、污泥污水和固体废物；d. 在处理废料的基础上还可回收焚烧热量（锅炉联合设备）；e. 具有惰性气体发生器功能。焚烧过程可以是通入大量空气的直接焚烧或者在缺氧条件下工作的热解气化焚烧。

焚烧炉的安装是多种因素综合影响的结果，主要取决于航行路线、时间，船上储存垃圾的空间和整体的废物管理政策等。因此，即使船舶装备有焚烧炉，它们也并不是总会被使用，并且全部的危险废物和大部分塑料是禁止在船上焚烧的。焚烧须满足 MARPOL 附则Ⅵ条例 16 规定的大气排放要求，并且产生的焚烧灰也是一种危险废物。附则Ⅵ条例 16.1 与 16.2 可视为 MARPOL 附则Ⅴ的补充。安装于 2000 年 1 月 1 日后的船舶需遵守 MEPC.244 (66) 决议通过的《2014 年船用焚烧炉标准技术条件》。

1.3.4 等离子体处理

美国海军在 20 世纪末开始进行削减舰船污染的项目，从而保障 21 世纪的舰船对环境友好无害，其目标是赋予舰船在全球航行的能力，又能够最小化与相关法规的潜在冲突、减小对岸上设施的不恰当依赖以及环保法规带来的不必要成本。其基本策略包括：

① 设计与操作舰船使之废物产生最小化、废物管理最优化；

② 发展舰船废物销毁或优化处理系统。

后者的策略促使美国军方开始舰船固体废物处理系统的研究工作。

早在 1995～1998 年期间，美国军方便开始进行等离子体弧销毁舰船废物的理论研究。1999 年，PyroGenesis 公司在美国海军的支持下，在其蒙特利尔工厂开发出了等离子体弧废物销毁系统（plasma arc waste destruction system, PAWDS）原型机，专门用于舰船固体废物的处理，同时对处理要求、操作原则进行了研究，并获得了一些初步测试结果。其设计的系统包括 6 个子系统，分别是：a. 原料预处理系统；b. 等离子体火焰喷射器；c. 二燃室；

d. 烟气处理系统；e. 支撑设备；f. 控制和仪表系统。设计处理量为 150kg/h 的可燃废物，通过将废物粉碎研磨成棉状状态，转变成高效燃料并被快速气化、燃烧，然后通过烟气处理系统达标排放。为了提高该系统的燃烧效率和气体排放效果，研究人员对进料速率和棉状材料进行优化，对比了不同材料研磨刀片的耐磨性，并使用了是原始刀片两倍耐磨性能的刀片；保持连续废物进料速率、较高的废物进料速率、较低的载气速率以及较长的喷射器停留时间都有利于 NO_x 的减少。

2003 年，PAWDS 第一次安装于嘉年华"幻想"号游船上，处理船上 2056 名乘客（包括船员）产生的固体废物。在运行的 18 个月里，有几个运行问题值得注意：研磨机过热与电流过高问题（原因为刀片更换程序不当以及机床备件不足）；机油的污染（安装集油器）；压缩空气污染（安装空气过滤设备、干燥器）；处理"硬塑料"不稳定等。从 2004 年 2 月至 2015 年 1 月所做整改有：对研磨颗粒尺寸进行改进，使硬塑料尺寸更小；通过自动调节螺旋进料量保持研磨机电流稳定；通过注射淡水保持研磨机温度稳定；增加几个用户弹出界面从而快速诊断故障。在 2004~2005 年的开发期间，还对操作系统进行自动化处理改进，包括自动启停、基于排气中氧浓度控制燃烧风机转速、火炬功率反馈调节、研磨机温度控制、螺旋进料器反馈控制、操作界面改善等自动化控制。新系统运用到新型航空母舰 CVN-21 的首艘 CVN-78 上（福特号），处理 3t/d 的食品且可燃烧的废物。以上处理废物主要是食品、纸类、塑料、木料等可燃性废物，玻璃以及其他不可燃废物含量极少或者无法进行处理，也未涵盖船舰上的医疗垃圾。

PyroGenesis 公司还利用位于蒙特利尔的 PAWDS 的原型机对来自邮轮船舱底部的油泥进行研究。由于与船舰上的其他固体废物不同，其预处理、进料方式也有所不同。油泥中有机油、燃油、润滑油和食用油等，需要通过加热改进其流动性能，并防止其冷却。油泥含水率在 20%~90% 之间变化较大，需通过油水分离器得到平均含水率在 30%~50% 的脱水含油污泥。预热的油泥直接运送至等离子火焰喷射器中进行处理。

2007 年为了评估经过优化升级的 PAWDS 的性能，对安装于下一代航空母舰的 PAWDS 进行了为期 60d 的耐久性试验，在军方和 PyroGenesis 公司人员的监管下，全程由美国海军士兵操作和维护。试验表明：该系统每天可达到 6800lbs（1lb= 0.453592kg）（约 3.084t）的处理能力。2009 年对烟气处理系统进行升级改造，包括新的排气泵、排气泵前一体化的双过滤器、新的自洗式滤器以及几处管道改造，并进行了为期 30d 的不连续试验，从而确认改造后的烟气处理系统不再成为系统停机的主要原因。

综上，等离子体处理技术在船舶上的研究与应用较少，美国军方经过十几年的研究，拥有比较成熟的技术体系。相比之下，国内并没有等离子体处理船舶固体废物的相关研究。现如今，等离子体处理技术难以大规模应用的最大原因在于单位待处理废物的用电量很高。

目前，在相关国际组织和法规的约束下，船舶废物管理得到极大的促进，然而船舶上的固体废物的及时处理与船舶能源回收（包括船舶上其他设备的余热利用）却稍显滞后。更进一步，废物处理系统与经济性之间的分析缺乏有效的桥梁，尤其是废物能源系统的经济性未得到充分重视。大部分船舶固体废物是由人产生的，虽然成分与城市固体废物类似，但船舶上有限的空间使其难以填埋，并且存放和处理的空间极为有限。历史上，船舶废物经常直接倾倒入海，但由于国际海洋保护法日趋严格，这种方法正逐渐被摒弃。采用机械减容的方式可以有效减小废物占据的空间，需岸上有单位接收，可一定程度上缓解固体废物的堆积。焚烧法是高效的固体废物减容方法，但仍有占地面积较大、易引起二次污染、启停时间长等问题需要解决，一般只适用于大型船舶。等离子体处理船舶固体废物技术是一种有潜力的替代方案。一项新技术的经济性分析是促进其发展的重要环节，特别是对于高耗能的等离子体项目。为了减小投资与运行费用，充分考虑工艺流程的设计、系统的能源与物质的回收是必要的研究工作。

我国是温室气体排放的主要国家，也是世界上最大的碳交易市场。我国向世界作出了"二氧化碳排放力争于 2030 年前达到峰值、努力争取 2060 年前实现碳中和"的重大宣示，一系列重要会议使我国碳达峰和碳中和工作具备了更明确的要求与目标。清洁发展机制（CDM）是在《联合国气候变化框架公约》和《京都议定书》框架下实现以温室气体减排为目标的一种合作机制和市场机制，是实现碳达峰的有效方法。从项目类型看，风电、水电、光伏发电、农村户用沼气等比较普遍，其余还包括生物质发电、热电联产、造林等，等离子体项目相对较少，这与等离子体的商业化还不够成熟有关。本书在经济分析中引入了清洁发展机制下的减排情境，既可探讨其对等离子体技术进步的影响，也可分析等离子体技术带来的 CO_2 减排效应。

参考文献

[1] Lim K. The role of the international maritime organization in preventing the pollution of the world's oceans from ships and shipping[J]. UN Chronic, 2017, 54(2): 52–54.

[2] Review of maritime transport 2019[M]. New York, Geneva: United Nations, 2019.

[3] Cruise Market Watch. Growth of the ocean cruise line industry[OL]. [2020-08-15]. https://cruisemarketwatch.com/growth/.

[4] 李绪茂, 王成金. 我国沿海港口邮轮码头发展现状与问题对策[J]. 综合运输, 2020, 42(12): 34-38, 53.

[5] Koss L. Environmentally sound ships of the 21st century[J]. Naval Engineers Journal, 2006, 118(3): 15–23.

[6] Vaneeckhaute C, Fazli A. Management of ship-generated food waste and sewage on the Baltic Sea: A review[J]. Waste Management, 2020, 102: 12–20.

[7] 韩科. 在南中国海北部设立特别敏感海域的思考[J]. 世界海运, 2020, 43(2): 31-33.

[8] 孟峥嵘, 王春明. 船用焚烧炉技术现状及发展趋势[J]. 交通科技, 2012(1): 104-106.

[9] 王泉斌. 舰船固废产量特性分析及其处理方式[J]. 船海工程, 2016, 45(2): 45-50.

[10] Herz M, Davis J. Cruise control: A report on how cruise ships affect the marine environment[R]. The OceanConservancy, 2002[2020-08-21]. https://nmsmontereybay.blob.core.windows.net/montereybay-prod/media/resourcepro/resmanissues/pdf/cruiseControl.pdf.

[11] Butt N. The impact of cruise ship generated waste on home ports and ports of call: A study of southampton[J]. Marine Policy, 2007, 31(5): 591-598.

[12] Kaldas A, Carabin P, Picard I, et al. Treatment of ship sludge oil using a plasma arc waste destruction system (PAWDS)[C] //. IT3'07 Conference, 2007: 14-18.

[13] Veritas D N. Study on discharge factors for legal operational discharges to sea from vessels in norwegian waters[R]. Hovik, Norway, 2009.

[14] Strazza C, Magrassi F, Gallo M, et al. Life cycle assessment from food to food: A case study of circular economy from cruise ships to aquaculture[J]. Sustainable Production and Consumption, 2015, 2: 40-51.

[15] European Maritime Safety Agency. Study on ships producing reduced quantities of ships generated waste—present situation and future opportunities to encourage the development of cleaner ships[R]: European Maritime Safety Agency (EMSA), 2007 [2020-11-04]. http://www.emsa.europa.eu/emsa-documents/latest/item/l714-study-on-standards-and-rules-.

[16] Olson P H. Handling of waste in ports[J]. Marine Pollution Bulletin, 1994, 29(6-12): 284–295.

[17] Polglaze J. Can we always ignore ship-generated food waste?[J]. Marine Pollution Bulletin, 2003, 46(1): 33-38.

[18] National Research Council (U. S.). Clean ships, clean ports, clean oceans: Controlling garbage and plastic wastes At sea[M]. Washington D. C. National Academy Press, 1995.

[19] International Maritime Organization. 2017 guidelines for the implementation of marpol annex V[M]. 2017.

[20] Nolting E E, Cofield J W, Alexakis T, et al. Plasma arc thermal destruction technology for shipboard solid waste[C] //. IT3'01 Conference, 2001: 1-8.

[21] Raudsepp U, Maljutenko I, Kõuts M, et al. Shipborne nutrient dynamics and impact on the

船舶固体废物等离子体处理及经济性分析

eutrophication in the Baltic Sea[J]. Science of the Total Environment, 2019, 671: 189-207.

[22] Wilewska-Bien M, Granhag L, Andersson K. The nutrient load from food waste generated onboard ships in the Baltic Sea[J]. Marine Pollution Bulletin, 2016, 105(1): 359-366.

[23] Isensee K, Valdes L. GSDR 2015: Brief marine litter: Microplastics[R]. Intergovernmental Oceanographic Commission of UNESCO (IOC-UNESCO), 2015.

[24] Gall S C, Thompson R C. The impact of debris on marine life[J]. Marine Pollution Bulletin, 2015, 92(1-2): 170-179.

[25] Haward M. Plastic pollution of the world's seas and oceans as a contemporary challenge in ocean governance[J]. Nature Communications, 2018, 9(1): 667.

[26] Li W C, Tse H F, Fok L. Plastic waste in the marine environment: A review of sources, occurrence and effects[J]. Science of the Total Environment, 2016, 566-567: 333–349.

[27] Jambeck J R, Geyer R, Wilcox C, et al. Marine pollution. Plastic waste inputs from land into the ocean[J]. Science (New York, N. Y.), 2015, 347(6223): 768-771.

[28] Eriksen M, Lebreton L C M, Carson H S, et al. Plastic pollution in the world's oceans: More than 5 trillion plastic pieces weighing over 250, 000 tons afloat at sea[J]. PLoS ONE, 2014, 9(12): e111913.

[29] Waller C L, Griffiths H J, Waluda C M, et al. Microplastics in the antarctic marine system: An emerging area of research[J]. Science of the Total Environment, 2017, 598: 220-227.

[30] Peeken I, Primpke S, Beyer B, et al. Arctic sea ice is an important temporal sink and means of transport for microplastic[J]. Nature Communications, 2018, 9(1): 1505.

[31] Evangeliou N, Grythe H, Klimont Z, et al. Atmospheric transport is a major pathway of microplastics to remote regions[J]. Nature Communications, 2020, 11(1): 3381.

[32] Peng G, Bellerby R, Zhang F, et al. The ocean's ultimate trashcan: Hadal trenches as major depositories for plastic pollution[J]. Water Research, 2020, 168: 115121.

[33] Iñiguez M E, Conesa J A, Fullana A. Marine debris occurrence and treatment: A review[J]. Renew Sustain Energy Rev, 2016, 64: 394-402.

[34] Ivar do Sul J A, Costa M F. The present and future of microplastic pollution in the marine environment[J]. Environmental Pollution, 2014, 185: 352-364.

[35] Prüst M, Meijer J, Westerink R H S. The plastic brain: Neurotoxicity of micro- and nanoplastics[J]. Particle and Fiber Toxicology, 2020, 17(1): 24.

[36] Sheavly S B, Register K M. Marine debris & plastics: Environmental concerns, sources, impacts and solutions[J]. Journal of Polymers and Environment, 2007, 15(4): 301-305.

[37] Macfadyen G, Huntington T, Cappell R. Abandoned, lost or otherwise discarded fishing gear[M]. Rome: United Nations Environment Programme; Food and Agriculture Organization of the United Nations, 2009.

[38] Johnson L D. Navigational hazards and related public safety concerns associated with derelict fishing gear and marine debris[C] // McIntosh, N; Simonds, K; Donohue, M, et al. Proceedings of International Marine Debris Conference on Derelict Fishing Gear and The Ocean Environment, 2002: 67-72.

[39] CE Delft. The management of ship-generated waste on-board ships[R], 2016[2020-08-21]. https://www.cedelft.eu/en/publications/1919/the-management-of-ship-generated-waste-on-board-ships.

[40] Athanasios A. Pallis, Aimilia A. Papachristou, Charalampos Platias. Environmental policies and practices in cruise ports: Waste reception facilities in the med[J]. SPOUDAI - Journal of Economics and Business, 2017, 67(1): 54-70.

[41] 韩小波. 船用焚烧炉三维数值模拟及其模糊控制技术研究[D]. 上海: 上海交通大学, 2009.

[42] International Maritime Organization. Resolution MEPC. standard specification for shipboard incinerators: MEPC. 2014, 244(66).

[43] Kaldas A, Alexakis T, Tsantrizos P G, et al. Optimization of the marine plasma waste destruction technology[C]. 2003.

[44] Kaldas A, Picard I, Chronopoulos C, et al. Plasma arc waste destruction system (PAWDS) a novel approach to waste elimination aboard ships[J]. Naval Engineers Journal, 2006, 118(3): 139-150.

[45] Chronopoulos C, Chevalier P, Picard I, et al. The plasma arc waste destruction system— one year of maritime experience[C] //. IT3'05 Conference, 2005: 1-12.

[46] Picard I, Chevalier P, Kaldas A, et al. A fully automated and "sailor friendly" plasma arc waste destruction system[OL]. [2019-08-15]. https://www.pyrogenesis.com/wp-content/uploads/2019/09/19.-2006-05-IT3-A-Fully-Automated-and-%E2%80%9CSailor-Friendly%E2%80%9D-Plasma-Arc-Waste-Destruction-System-Paper. pdf.

[47] Kaldas A, Alexander G. Sixty day endurance testing of the plasma arc waste destruction system (PAWDS)[C]. 2008.

[48] Kaldas A and Baig K. Plasma arc waste destruction system off-gas refinement[C]. 2010.

[49] Kaltschmitt M, Themelis N J, Bronicki L Y, et al. Renewable energy systems[M]. New York: Springer, 2013.

[50] 吕学都, 刘德顺. 清洁发展机制在中国[M]. 北京: 清华大学出版社, 2005.

[51] UN CC: Learn. 清洁发展机制 (CDM)[OL]. [2020-11-09]. https://www.uncclearn.org/wp-content/uploads/library/unep61_chn_0.pdf.

[52] Jain K P, Pruyn J. Investigating the prospects of using a plasma gasification plant to improve the offer price of ships recycled on large-sized 'green' yards[J]. Journal of Cleaner Production, 2018, 171: 1520–1531.

[53] 蔡晓伟. 船舶固体废物热等离子体处理的经济性分析研究[D]. 广州: 中山大学, 2021: 1-149.

船舶固体废物等离子体处理及经济性分析

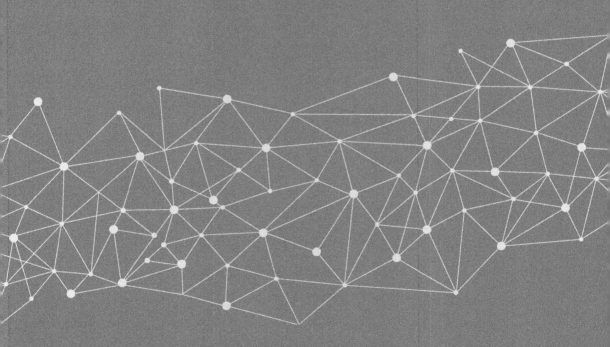

第 2 章

热等离子体处理
固体废物技术

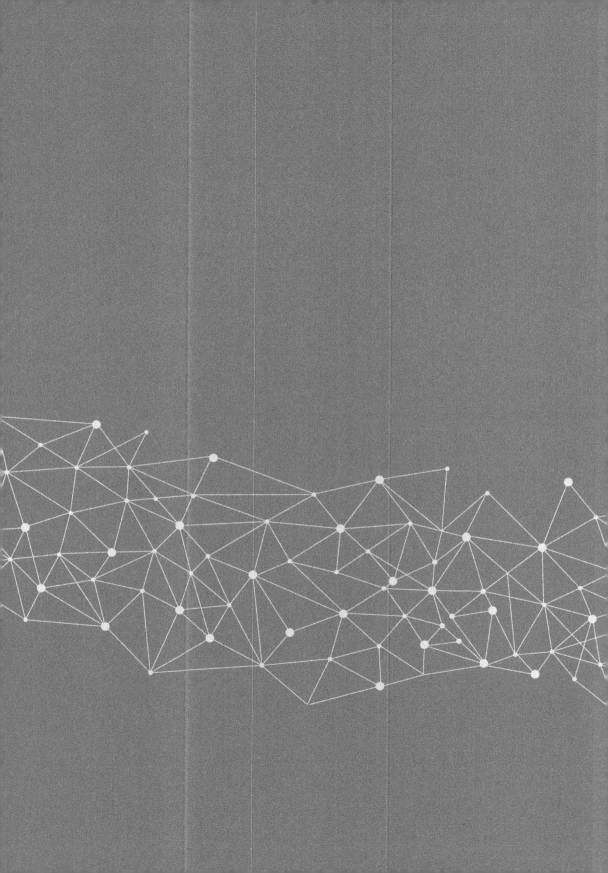

2.1.1 定义及类型

物质的四种形态如图 2.1 所示，其中等离子体被认为是区别于固体、液体和气体的物质"第四态"。固体的晶格结构排列有序，但在加热的条件下，晶格结构被原子的热运动所破坏，于是形成液体；温度继续上升，当液体的原子挥发速度大于凝结的速度时便形成气体；而气体分子在足够的能量作用下将转变成由带电粒子（包括自由电子以及正负离子）、中性粒子组成的等离子体。等离子体的基本特性之一是整体呈现电中性，原因是其尺度远大于德拜长度，因此这种现象又被称为电荷屏蔽效应（德拜屏蔽效应）。在等离子体中，离子与电子的电荷分离产生电场，带电粒子流产生电流和磁场。等离子体粒子运动主要受电磁力支配，并表现出显著的集体行为。

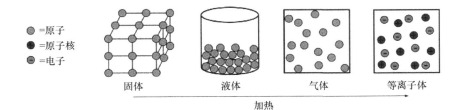

图 2.1　物质的四种形态

天然等离子体在地球上较少，然而宇宙中 99%以上的物质却是由其组成。太阳、星云和星际空间中的物质以等离子体聚集的形式存在，地球上的极光和闪电也是天然的等离子体现象。人工等离子体也常用于提高人类生活水平，现代生活常见的如霓虹灯、电弧灯和日光灯中的发光现象均是由气体在外界输入能量的作用下激发而形成的等离子体。

等离子体按照天然和人工进行分类比较笼统，可根据等离子体的热力学平衡状态进行分类，表 2.1 为该分类依据下各等离子体类型的比较。

表 2.1　等离子体分类

属性	高温等离子体	低温等离子体	
	平衡等离子体	准平衡等离子体（热等离子体）	非平衡等离子体（非热等离子体）
粒子状态	$T_e = T_i = T_g$	$T_e \approx T_i \approx T_g$	$T_e \gg T_i \approx T_g$
温度	$10^6 \sim 10^8 K$	$2 \times 10^3 \sim 3 \times 10^4 K$	$3 \times 10^2 \sim 4 \times 10^2 K$
电子密度	$\geqslant 10^{20} m^{-3}$	$\geqslant 10^{20} m^{-3}$	$\approx 10^{10} m^{-3}$
产生方式	激光核聚变	直流和交流电弧放电、射频放电、微波放电等	辉光放电、介质阻挡放电、电晕放电等

注：T_e 代表电子温度；T_i 代表离子温度；T_g 代表中性粒子温度。

2.1.2　热等离子体的类型

实际运用于废弃物处理的热等离子体的中性粒子温度、电子温度和离子温度几乎处于同一水平。热等离子体系统的核心部件为等离子体炬，弧炬放电的差异将导致产生的等离子体具有不同的性质。依照这种分类方式，热等离子体可分为直流等离子体（有转移弧与非转移弧两种结构）、射频等离子体、交流等离子体、微波等离子体，如图 2.2 所示。这些不同类型的热等离子体在固体废物的处理中的对比总结于表 2.2 中。

表 2.2　用于固体废物处理的热等离子体的总结对比

项目	射频		微波	直流		交流
	大气压	低压		非转移弧	转移弧	
温度/K	3000～8000	1200～1700	1200～2000	5000～10000	5000～10000	3000～5000
电极腐蚀	否	否	否	是	是	是
冷却	否	否	否	是	是	是
点火难易	难	易	难	易	易	易
等离子体区	中等	大	大	小	小	小
气体流速	高	低	低	高	高	高
进料位置	下游	下游	下游	上游	上游	上游
物料导电性	不需要	不需要	不需要	不需要	需要	不需要
物料是否影响等离子体稳定性	是	是	是	否	否	否
电源效率/%	40～70	40～70	40～70	60～90	60～90	70～90

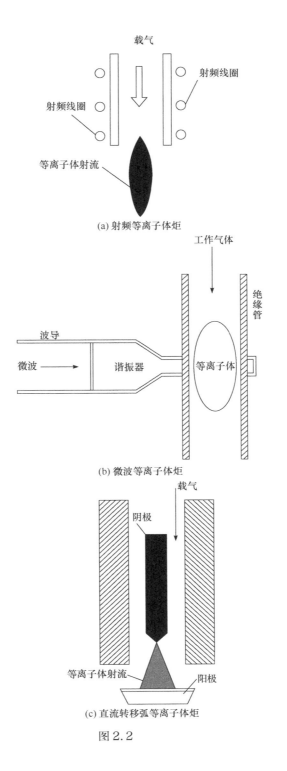

(a) 射频等离子体炬

(b) 微波等离子体炬

(c) 直流转移弧等离子体炬

图2.2

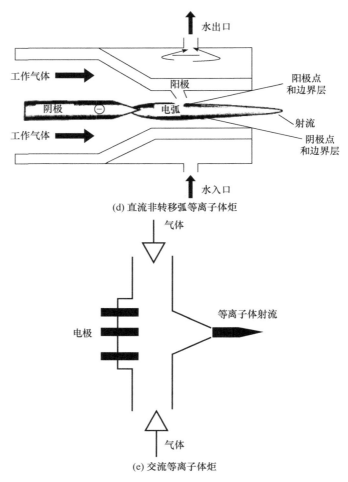

(d) 直流非转移弧等离子体炬

(e) 交流等离子体炬

图 2.2　各种热等离子体炬工作原理示意

2.1.2.1　射频等离子体

　　射频等离子体炬利用电感耦合或电容耦合将射频电源的电磁能持续施加至载气而激发出等离子体。由图 2.2（a）所示的电感耦合等离子体的工作原理图可以看到，射频等离子体炬并不是由金属电极直接给载气施加能量而产生等离子体的，因此可避免电极在氧化性气氛下的快速腐蚀，从这个意义上来说，射频等离子体炬是无电极的。若将电感线圈视为电极，其并不位于反应器的内部，因此该线圈应称为外部电极。该放电方式使得等离子体区域温度均匀，物料一般跟随载气从等离子体区域的上游进入反应区域进行化学

船舶固体废物等离子体处理及经济性分析

反应。但是，由于射频等离子体多采用电子振荡器进行能量转换，因此效率较低。

2.1.2.2 微波等离子体

微波等离子体炬所使用的外部能量源为微波电源，如使用电磁辐射产生频率范围在 300MHz～10GHz 之间的微波，对应波长在 0.001～1m 之间。微波等离子体的典型频率为 2.45GHz，高于产生射频等离子体所需的频率。如图 2.2（b）所示，微波等离子体炬同样是无电极结构，因此不存在电极腐蚀问题。微波辐射在谐振器的引导下通过波导器进入绝缘管（如石英管），经点燃在其内部激发工作气体产生等离子体。微波等离子体与射频等离子体相比，所用电源放电功率密度高、放电压力范围大，产生的等离子体密度更高、区域更大、电离程度更高，具有较高的能量转化效率。

2.1.2.3 直流电弧等离子体

在直流电弧等离子体炬中，两电极施加高直流电使高速等离子体气流发生电离，并从其中一个电极喷嘴以电弧的方式喷射出等离子体。直流等离子体能量密度高，温度从中心向边缘递减，起弧容易，电弧较为稳定。因此，其广泛应用于大多数研究中或商业化的等离子体处理固体废物项目。但是，由于电极的存在和高电流的输入，腐蚀现象较严重，特别是当电极处于氧化性氛围的时候，电极的寿命较短。为了保护电极，一般需要采用水冷或气冷的方式对电极进行降温。直流电弧等离子体炬的另一个缺点在于需要昂贵的整流器将交流电转换成直流电，这部分成本一般占总投资运营成本的 30%。

转移弧等离子体炬和非转移弧等离子体炬是直流电弧等离子体炬的两种不同的结构。两者的区别在于电极的位置和对待处理物料的要求。非转移弧等离子体炬中阳极和阴极集成在炬内，不与物料直接接触，因此不参与反应；而在转移弧等离子体炬中，两电极分开设置，电弧从阴极（炬）产生并传递转移至阳极，物料放置于阳极上作为阳极的一部分，因此要求其具有导电性。基于此种结构，转移电弧可通过调节炬与待处理物料的间距来调节炬的功率。

2.1.2.4　交流电弧等离子体

交流电弧等离子体炬直接使用多相交流电作为电能输入,与直流电弧等离子体炬相比,其特点在于:无须使用整流器,允许使用更多标准件,可以在更简单的变压器下工作;多个电极产生多个电弧,等离子体区域更大,可相应降低等离子体的工作温度,有利于提高整体的电热效率;各个电极交替作为阴极和阳极,从而可以有效地减小单个电极的腐蚀。

与直流电弧等离子体一样,交流电弧等离子体提高功率的方法一般也是提高电流。因为大部分等离子体炬的电压不超过 300～400V,基于这种设计,要提高功率必须提高电流,然而这也加重了电极的腐蚀,从而阻碍炬功率的进一步提高。因此,研究多种类型电极的高压电弧等离子体成为研制功率更大、寿命更长、可连续工作的等离子体炬的热门方向之一。

2.1.3　热等离子体工艺分类

热等离子体技术根据原料性质和工艺参数的不同,可分为等离子体热解、等离子体气化和等离子体熔融三种基本类型。除此之外,等离子体燃烧是在传统焚烧的基础上使用了额外的等离子体炬,其工作在过量的空气之下。

这些工艺技术的区别如表 2.3 所列。

表 2.3　等离子体处理固体废物的基本工艺技术的区别

工艺技术	原料	气氛	产物	资源化途径
燃烧	有机物	过量空气	尾气、燃烧灰	余热回收等
热解	有机物	惰性	可燃气、固体炭	余热回收、气体燃料、活性炭等
气化	有机物	氧化性	合成气	余热回收、合成气发电或提取化学品
熔融	无机物	视原料种类而定	玻璃化炉渣	建筑材料等

2.1.3.1　等离子体燃烧

等离子体燃烧是通过安装等离子体炬对传统焚烧的改进,是在过量空气

船舶固体废物等离子体处理及经济性分析

条件下的一个氧化燃烧过程。等离子体不仅是热源，而且通过产生各种离子自由基和紫外辐射促进有机物的氧化过程。固体废物的等离子体燃烧可以概括为以下阶段。

（1）干燥过程

固体废物在等离子体的高温下发生热交换，水分蒸发，此外壁灰也可作为传热介质。

（2）挥发过程

挥发分在高温作用下从固体废物中挥发出来。

（3）热解气化过程

热解通常是各种热处理的第一步，有机物裂解产生碳和挥发性小分子有机物。同时，碳与水分发生气化反应产生 CO 和 H_2。

（4）氧化过程

各种有机物和可燃性气体在过量空气的作用下，生成无机小分子 CO_2 和 H_2O。

等离子体燃烧兼具热效应和等离子体催化效应（紫外辐射和各种活性粒子），因此该过程可以工作在较低的温度之下取得与传统焚烧相同的处理效果。在中低温的条件下，炉灰不会与耐火材料熔合或形成共晶化合物。同时，对于过量空气的要求也降低了，因此可以减少热稀释以及减少烟气排放。例如，典型焚烧的过量空气系数为 1.6～2.0，有研究表明等离子体燃烧处理医疗废物的过量空气系数为 1.0～1.2，处理污泥时过量空气系数为 1.2。由于较低的工作温度和空气需求量，NO_x 也保持在一个较低的水平。

2.1.3.2　等离子体热解

等离子体热解是指在惰性或还原性气氛下（常用的等离子体气为 N_2、Ar 与 H_2 等），废弃物中的有机组分裂解生成小分子化合物的热化学过程。理论上，等离子体热解不涉及氧化反应。等离子体热解过程大约可分为以下 4 个阶段。

① 固体颗粒与等离子体射流进行热交换，颗粒加热干燥得非常快。

② 在高温的作用下，有机物热裂解，挥发物质从固体颗粒中大量释放出来。

③ 在气相中，发生快速的气化均相反应和热质交换。此阶段可用相关冷却技术代替，分离出特定裂解产物的单体。

④ 碳化物颗粒与各种气体成分发生进一步的气化反应。如若在此阶段存在水分，则可有效地促进合成气（H_2和CO）的生成。

2.1.3.3 等离子体气化

等离子体气化是在有氧的条件下，有机固体废物发生不完全氧化反应生成可燃性轻质气体（主要成分为H_2和CO）的过程。一般可将等离子体气化视为等离子体热解的延伸，因为大多热处理过程的第一步往往是经历固体废物的热解。等离子体热解中第四阶段实质上就是气化反应，只不过在气化条件下第四阶段的反应得到进一步的加强。气化其实包括干燥、热解、氧化和还原等一系列综合的热化学反应。

与等离子体热解相比，等离子体气化的主要反应发生在热裂解反应之后，并且反应气氛为氧化性[0<ER（空气当量比）<1，传统气化中需氧量一般为完全燃烧的 20%～40%]。与传统气化相比，等离子体气化吸热反应所需能量由等离子体炬提供，整个等离子体气化流程几乎不用做多大改动便可由传统气化方案转换而来，流程更为紧凑。可使用的等离子体气范围较广，各种常用的氧化性气体（如空气、氧气）、还原性气体（如氢气）和惰性气体（氩气、氮气）均可。

2.1.3.4 等离子体熔融

等离子体熔融是在极高的温度下，通过添加适当的助熔剂，有机组分被分解，无机组分残留在熔融状的固体中，并且熔融体经冷却后生成玻璃状的炉渣的一个过程。该产物可将有害物质（如重金属）通过化学或物理的方式固定在[SiO_4]四面体结构之中，因此在固体废物毒性浸出试验（TCLP）中具有极低的毒性浸出率。

在实际应用中，由于固体废物成分的复杂性以及工艺参数的控制，以上四个基本过程往往结合在一起，废物中大部分有机物转化为气态物质，而难以气化与裂解的无机物熔融为玻璃化物质，达到固体废物资源化的目的。

2.2

等离子体处理固体废物相关文献分析

由于热等离子体的高温性质，最开始的研究工作主要集中于热等离子体处理中低放射性废物、焚烧垃圾飞灰底灰、电镀污泥、电子废物、含氯废物、含石棉废物等危险废物及其他固体废物等领域。近年来，对于等离子体处理固体废物的研究重点在于资源的回收利用，包括气体产物和固体产物的资源化利用。在有关有机固体废物的研究中，研究人员采用的研究对象主要有生活垃圾、废橡胶、废塑料、垃圾衍生燃料、医疗废物及生物质等。

相关研究发现，等离子体处理固体废物影响气体产物的方法和气化参数包括：

① 废物的基本成分（如矿质元素、碳、氢、氧、水分等）；

② 废物的低位热值；

③ 氧化剂的属性（空气、O_2、CO_2、水蒸气等）；

④ 是否添加氧化剂（如水气转换反应促进氢的产生）；

⑤ 反应器内温度梯度；

⑥ 反应热损失与规模效应（为反应器耐火材料的函数）；

⑦ 反应器内压力水平；

⑧ 粗合成气的后续净化措施；

⑨ 废弃物预处理的种类；

⑩ 为优化温度和反应与化石燃料（如煤粉）的混合效应。

一般而言，等离子体处理各种类型的固体有机废物时，生成可燃性气体，其主要成分为含 H_2 和 CO 的合成气，另外还有少量 C_2H_2、CH_4 和 C_2H_4 等气体。不可燃气体包括 CO_2 及浓度较低的 SO_2 和 NO_x 等气体。产生的气体组分差异是由固体废物的自身性质及所控制的工艺参数决定的。有研究发现，H_2 和 CO 的产生率与原料的组分、采用的热等离子体工作气体及原料中水分含量都有关系。在高有机固体废物的等离子体处理研究中，通常采用的等离子体工作气体为惰性气体，如氩气、氮气等，当然也可以将工作气体调整为氧化性气体，如使用空气、氧气、水蒸气等，合成气比例将显著提高，合成气的低位热值也稍有增长。相关研究也显示二氧化碳与水蒸气作为等离子体

31

第 2 章　热等离子体处理固体废物技术

气可以参与气化反应，从而影响气态产物中的 H_2/CO 值。当然，也有很多研究采用惰性气体作为等离子体工作气（或者为混合等离子体工作气），在这种情况下在体系中添加氧气、二氧化碳、空气、水蒸气等作为气化剂促进合成气生成，从而提高合成气回收效率。Tang 采用直流电弧热等离子体处理废弃塑料并回收可燃气体和有用化学品，以氮气研究了不同颗粒粒径、输入功率、进料速率下的气化效果，其中固体转化率高于 90%，在水蒸气输入的情况下，气体产物中氢气与一氧化碳的体积分数可提高到 40%。G.Van Oost 等开展了以碎木屑进料速度、含水率、氧化剂（氧气及二氧化碳）的添加等为变量测试这些因素如何影响热等离子体气化反应的研究，结果发现添加氧化剂有利于提高合成气的热值同时几乎不产生固体炭。Shie 等在其构建的热等离子体系统中以氮气为等离子体气对秸秆等农业废弃物进行热解处理，发现氢气与一氧化碳是除氮气外的主要气态成分，原料中含水率高，合成气产量相应提升，但由于水作为氧化剂使得 CO_2 含量增多，合成气的累积体积分数反而随着含水率的升高而降低。Rutberg 等对高温等离子体气化木屑产生的合成气进行数字模拟研究，目标是将产生的合成气用于热电联产，研究发现不同氧化剂组合（空气、氧气、二氧化碳、水及两种氧化剂的混合）对木屑的气化效果有明显的促进作用。Hlina 等采用 100～110kW 的等离子体装置在进料速率为 10kg/h、等离子体工作气体为 H_2O/Ar 的条件下，研究锯末、球团矿、塑料、油的气化过程，前三种原料以 CO_2 为氧化剂，产生的高质量合成气大约占产生气体的 90%，他们认为原因主要为等离子体温度高、质量流速低以及组成中大部分为 H、O 元素。研究人员对等离子体不同处理工艺进行了相关研究。Agon 等评估了"单段式"热等离子体系统处理 RDF 效果，采用了 CO_2、O_2、H_2 和 H_2O 的四种气体组合为气化剂，分别研究气体产率与组分性质，所产生的合成气体热值最高可达 10.9MJ/m³。同时，该研究团队将其与"两段式"流化床热等离子体系统进行比较，结果表明，"单段式"热等离子体处理系统产生的气体质量更高，"两段式"热等离子体处理系统则在熔融炉渣的回收利用方面更胜一筹。

船舶固体废物的成分与城市固体废物类似，主要由一般生活垃圾、餐厨垃圾、塑料等组分。等离子体处理城市固体废物后产生的合成气低热值约为 6～7MJ/m³，主要有以下应用方式：一是生产电能；二是生产化学品，如氨、甲醇和氢气；三是生产液体燃料。等离子体由于使用电力作为能源输入并且耗能高，暂时适用于成本问题不是主要考虑因素的领域，但可以通过资源回收利用有效降低成本。Leal-Quirós 等总结了高温等离子体处理城市固体废物技术，直流电弧等离子体是现代高效等离子体炬设备的先驱。西屋等离子体公司掌握了较为成熟的热等离子体处理城市固体废物技术，并进行了许多试验、设计和开发。在其实践中，最终只有 CO 和 H_2（合成气）随着温度的升高而增加；净化后的合成气热值较低，但可用于整体等离子体气化联合（IPGCC）系统生产电能。Galeno 等利用数字模型评估了等离子体气化与燃料电池联合系统（IPGFC）的能源适用性和环境特征，结果指出该系统发电效率约为 33%，高于传统的焚烧发电效率。Byun 等利用碎纸厂废物为原料进行等离子体气化研究，将获得的合成气经过 H_2 回收系统分离和提纯 H_2，其纯度可高于 99.99%，在未来氢能的应用中可能提供一种新的生产方式。

在国外部分发达国家，等离子体技术处理固体废物已从基础研究向商业化应用阶段过渡。其中，掌握大功率热等离子体炬技术的公司主要有：Westinghouse 公司、European plasma 公司、Phoenix Solutions 公司和 Tetronics 公司。国内对固体废物等离子体处理的研究仍处于起步阶段，距离真正的商业化应用还有一段路要走。黄建军设计研制了一台电源输出功率为 150kW，每小时处理 20kg 电路板的等离子体高温热解装置，对石墨电弧的放电特性、系统的设计、电路板高温热解进行了系统研究，在电路板的玻璃化试验中，测试表明玻璃体主要成分为 SiO_2，其重金属浸出率非常低，硬度在 6～6.5 之间，抗压强度在 5MPa，可以作为建筑材料。广州大学的王晓明、熊建新建立了等离子体喷动-流化床热解模型，分别进行了热态试验和常温试验，采用稻壳进行热解气化，发现加入辅助气体、水蒸气有利于提高热解气体产物热值及气体转化率。华中科技大学孙德茂利用热等离子体对焦化污泥进行处理，研究了不同 SiO_2 比例下的重金属浸出毒性，无论增大重金属含量与否，其中 Pb、Cu、Cr 浸出率均不高于 0.13%，Cd 则被彻底消除或者固化，高温热解气化焦化污泥的试验中，其产气率、产气成分和产气热值均优于传统加热热解方式。李铭书利用热等离子体处理市政污泥与焦化废水污泥的试验结果表明，当进料为焦化废水污泥、等离子体结构为转移弧、使用二氧化碳作为等离子体气时，获得的可燃气热值为 8.43MJ/m³；当进料为市政污泥、等离子体结构为非转移弧、以二氧化碳为等离子体气时，获得的可燃气热值为 9.20MJ/m³，并且仅将二氧化碳改为氮气时气体产物热值只有 5.10MJ/m³。

同时，试验中所获得的各批次固体残渣也具有极低的重金属浸出浓度，因此非转移弧等离子体适用于高含水率的污泥处理。浙江大学毛梦梅构建了一等离子体反应器，通过励磁线圈的作用形成高速旋转的等离子体区域。使用该装置研究了输入功率、CO_2流速对处理印染污泥的影响，试验表明，在最优试验条件下能量转换效率可达 66.90%，碳转化率可达 99.90%，合成气的低位发热量达到 34.29MJ/h，固体产物热稳定性好，重金属固定效率达 99%以上；当使用空气为气化剂，与 CO_2 相比，合成气含量降低，碳转化率降低，其重金属固定效果也不如 CO_2。

2.3

▶▶

等离子体气化处理城市固体废物技术

一个城市固体废物等离子体气化系统主要包括以下部分：

① 收运及预处理，一般使用传统的固体废物预处理技术，如分选、破碎等；

② 等离子体系统，核心部件为等离子体反应器和等离子体炬；

③ 气体净化取决于前端垃圾性质与后端工艺要求，视情况而定可能安装有冷却塔、旋风除尘器或布袋除尘器、洗涤器、吸附剂等；

④ 能源与材料回收，除了可结合余热回收，产物之一的合成气可直接燃烧、用于发电、生产气体燃料或制取其他化学品，炉渣因其惰性而具备生产建筑材料的潜质；

⑤ 尾气排放控制。

作为最重要部分的等离子体系统主要采用直流等离子体，由于此类型等离子体相对稳定，因而在已知等离子体处理固体废物的案例中应用最为广泛。

将等离子体技术应用于气化工艺主要有两种方式：

① 等离子体作为气化过程的热源直接作用于待处理固体废物，不能气化的无机组分在高温下可形成玻璃状的炉渣，此为"单段式"；

② 等离子体与传统气化相结合，等离子体的主要作用为处理传统气化

船舶固体废物等离子体处理及经济性分析

产生的粗合成气，而携带的颗粒（或者前一阶段的残渣）熔融成炉渣，此为"两段式"。

2.3.1 等离子体气化熔融工艺

美国西屋等离子体公司现在是 Alter NRG 集团的一个子公司，以其为代表的等离子体气化熔融技术已实现商业化。该技术的最核心部分是安装等离子体炬的气化炉，直流等离子体广泛应用于城市固体废物的处理处置。等离子体炬通过产生和保持温度极高的等离子体，主要将电能转换为热能。图 2.3 为西屋等离子体气化工艺流程，系统主要由进料处理、等离子体气化、气化冷却、合成气净化和产品利用五个子系统组成。

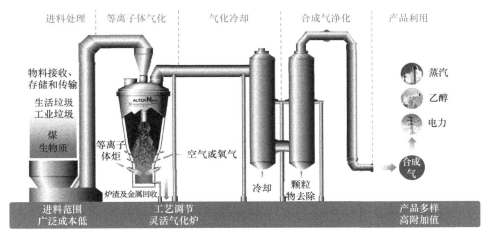

图 2.3　西屋等离子体气化工艺流程

这项技术包括有几个重要的特点：

① 若干个等离子体炬倾斜安装于炉体的底部，炬组作为高温热源维持气化反应的进行，等离子体与城市固体废物直接接触。等离子体炬直接参与气化过程是其最大的特点。

② 有机物经气化产生粗合成气，无机物则在底部被高温熔融，经冷却后产生玻璃化炉渣。

③ 离开气化炉的粗合成气的温度为 890～1100℃，与"两段式"工艺不同的是，粗合成气不再设置后续等离子体重整。

如图 2.4 所示，Alter NRG 等离子体炉为立式气化炉，废物经过预处理后从顶部进入气化炉，炉内一般还需添加焦炭和石灰。炉内反应可分为 3 个区域，分别为悬浮区、气化区和熔融区。干燥、气化、熔融所需的能量来自气化炉底部的若干等离子体炬。悬浮区对废物在预处理的基础上进一步干燥与热解。空气和（或）水蒸气通入气化区，与废物发生各类气化反应，主要生成合成气。位于气化区的焦炭床通过吸收等离子体的热量以及其自身的缓慢燃烧释放的热量维持气化反应的正常进行。合成气从顶部流出，自身携带的热量一部分传递至刚进入炉内的废物。无法气化的无机物则在高温下形成熔融态，经冷却后产生玻璃状的炉渣。而石灰的作用就是控制炉渣的熔融特性，使其保持良好的流动特性，同时也可促进炉渣完全玻璃化。

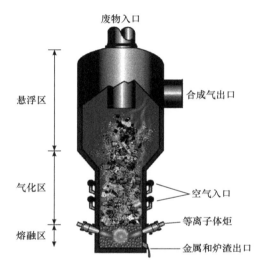

图 2.4　Alter NRG 等离子体气化炉

2.3.2　两段式等离子体气化工艺

两段式等离子体气化工艺是一种传统热解/气化技术与等离子体技术相结合的先进技术。它的第一阶段主要设备是热解炉或气化炉，这时候等离子体不参与城市固体废物的反应。第二阶段采用等离子体技术，可为热等离子体或非热等离子体，我们称之为等离子体重整技术。英国的 APP 公司、加拿大的 Plasco 公司以及 European plasma 公司是使用这项技术的代表。APP 公司的两段式等离子体气化工艺流程如图 2.5 所示。

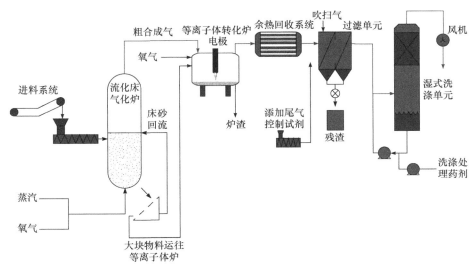

图2.5 APP公司的两段式等离子体气化工艺流程

这项技术可概括为以下几个重要步骤：

（1）**预处理**

废物经过分离、破碎、干燥等预处理，得到尺寸、含水率等合适的原料。为了加强处理效果，通常会将不可燃组分分离出来，同时，干燥所用的能量可来自后端回收的废热或者发电产生的电能。

（2）**传统热解/气化**

这是整个工艺的"第一阶段"，经过预处理后的原料发生热解或者气化反应，产生粗合成气等可燃性气体。然而，粗合成气中往往存在着大量的重烃聚合产物和烟尘颗粒，这给下游的合成气利用单元带来了极大的压力。因此，热解/气化须经过相应的净化才能完成高质量的利用。

（3）**等离子体重整**

热等离子体为反应过程提供高温与活性粒子等有利条件，粗合成气中的焦油和其他碳基物质裂解成小分子物质（如 H_2 和 CO 等）；水蒸气重整反应、CO_2 重整反应与水煤气转换反应有利于提高合成气的比例；无机物质可熔融成玻璃状炉渣。同时，等离子体对其他污染物，如 NO_x、SO_x 等都有很好的净化作用。

（4）**产物利用或处置**

在进料规模小的情况下，合成气通常直接燃烧。合成气的余热也可被回收。如若是商业化项目，则需要在最终利用之前进行合成气的净化。最终利用方式有多种，如用于生产电能、热水或其他化学品。

等离子体气化熔融模型介绍

等离子体气化系统的核心是等离子体反应器，在反应器中废物发生气化/玻璃化反应，伴随着各种热化学转化过程。因此，建立等离子体气化熔融模型对于分析与理解系统中能源消耗与回收利用、预测气化反应器热效率及相关热损失具有重要作用。建立等离子体气化熔融模型的方法有两种，分别是 K-值法与 G 值法。

2.4.1　K-值法建立平衡模型

等离子体气化熔融的核心设备为等离子体气化炉。这个过程涉及空气等离子体气化，气化过程简化为四个子模型，包括干燥段、热解段、气化段、熔融段。运用平衡常数法（K-值法）所建立的模型基于化学反应的热力学平衡，涵盖了力学平衡、化学平衡、相平衡和热平衡等平衡条件，因此也叫化学计量法。我们认为反应温度极高，气相、熔融相停留时间等因素足够长（充分），发生等离子体气化反应可以达到平衡状态。但是，由于等离子体气化反应众多，很难用一个简单的平衡模型描述，因此需要简化等离子体气化反应，选取足够的独立反应描述气化过程。

可燃性固体废物用最简式 $CH_{1.44}O_{0.66}$ 表示，则气化的总反应式可用式（2.1）表示：

$$CH_{1.44}O_{0.66} + wH_2O + mO_2 + 3.76mN_2 \longrightarrow n_1H_2 + n_2CO + n_3CO_2 + n_4H_2O \atop + n_5CH_4 + n_6C + 3.76mN_2 \tag{2.1}$$

在本模型中，平衡计算考虑了产物成分 H_2、CO、CO_2、H_2O、CH_4 和 C，由 3 个独立反应、3 个局部物料平衡和 1 个能量平衡建立方程组联立求解。

选定的 3 个独立化学反应式如下所示：

$$C + H_2O \rightleftharpoons CO + H_2 \tag{2.2}$$

$$CO + H_2O \rightleftharpoons CO_2 + H_2 \tag{2.3}$$

$$CH_4 + H_2O \rightleftharpoons CO + 3H_2 \tag{2.4}$$

式（2.2）是一次水煤气变换反应，属于吸热反应；式（2.3）为水煤气变换反应，属于放热反应；式（2.4）为甲烷重整反应，属于吸热反应。下面根据以上反应式计算对应的平衡常数。对于式（2.2），其平衡常数为 $K_1 = \dfrac{[CO][H_2]}{[H_2O]}$；对于式（2.3），其平衡常数为 $K_2 = \dfrac{[CO_2][H_2]}{[CO][H_2O]}$；对于式（2.4），其平衡常数为 $K_3 = \dfrac{[CO][H_2]^3}{[CH_4][H_2O]}$。

平衡常数 K 是温度 T 的函数，写作：$\ln K = -\dfrac{\Delta G^{\theta}}{RT}$。考虑到吉布斯函数与焓的关系，也可写作：$\dfrac{\mathrm{d}\ln K}{\mathrm{d}T} = \dfrac{\Delta H^{\theta}}{RT^2}$。

在化学反应中，各物质的温度与摩尔定压热容的关系均可用式（2.5）来表示：

$$c_p = a + bT + cT^2 \tag{2.5}$$

从式（2.1）可知，存在 w、n_1、n_2、n_3、n_4、n_5、n_6 和 m 8 个未知数，分别代表对应 6 个产物的化学计量系数和反应的耗氧量。

碳平衡：

$$1 = n_2 + n_3 + n_5 + n_6 \tag{2.6}$$

氢平衡：

$$2w + 1.44 = 2n_1 + 2n_4 + 4n_5 \tag{2.7}$$

氧平衡：

$$w + 0.66 + 2m = n_2 + 2n_3 + n_4 \tag{2.8}$$

一次水煤气变换反应的平衡常数为：

$$K_1 = \frac{x_1 x_2}{x_4} \tag{2.9}$$

水煤气变换反应的平衡常数为：

$$K_2 = \frac{x_1 x_3}{x_2 x_4} \tag{2.10}$$

甲烷重整反应的平衡常数为：

$$K_3 = \frac{x_1^3 x_2}{x_4 x_5} \tag{2.11}$$

式中，x_i 是各组分 i 的摩尔分数，$x_i = \dfrac{n_i}{n_{\text{tot}}}$。

在等离子体气化反应的焓平衡计算中，需要考虑外加能源电能，可用式 (2.12) 表示：

$$H_{f,\text{waste}}^{\theta} + wH_{f,\text{H}_2\text{O(l)}}^{\theta} + mH_{f,\text{O}_2}^{\theta} + 3.76mH_{f,\text{N}_2}^{\theta} + E_{\text{电}} =$$

$$n_1 H_{f,\text{H}_2}^{\theta} + n_2 H_{f,\text{CO}}^{\theta} + n_3 H_{f,\text{CO}_2}^{\theta} + n_4 H_{f,\text{H}_2\text{O(g)}}^{\theta} + n_5 H_{f,\text{CH}_4}^{\theta} + 3.76mH_{f,\text{N}_2}^{\theta} +$$

$$n6H_{f,\text{C}}^{\theta} + \int_{T_1}^{T_2} (n_1 c_{p,\text{H}_2} + n_2 c_{p,\text{CO}} + n_3 c_{p,\text{CO}_2} + n_4 c_{p,\text{H}_2\text{O}} + n_5 c_{p,\text{CH}_4} + \tag{2.12}$$

$$3.76mc_{p,\text{N}_2} + n_6 c_{p,\text{C}})\mathrm{d}T$$

式中，等式左边为反应物的焓的总量以及气化所需的电能（此处的电能不包含熔融无机物所需的电能）；等式右边 $H_{f,\text{H}_2\text{O(g)}}^{\theta}$ 为水蒸气的焓。

式中　　$H_{f,\text{H}_2}^{\theta}$，$H_{f,\text{CO}}^{\theta}$，$H_{f,\text{CO}_2}^{\theta}$，$H_{f,\text{CH}_4}^{\theta}$——各气化生成物的焓；

　　　　　　　　　　$H_{f,\text{C}}^{\theta}$——固体碳的焓；

　　　　　　　　　　c_p——在气化吸热体系中，各生成物的摩尔定压热容，温度从常温 T_1 升高到气化温度 T_2。

其中外加电能只考虑了气化所需要的能量，不包括固体废物无机组分熔融所需的能量。以上模型被称为 GasifEq 模型，建模软件主要使用 Mathcad。

2.4.2　G-值法建立平衡模型

G 值法又被称为非化学计量法或者吉布斯（Gibbs）自由能最小化法。其原理是：在封闭的等温、等压体系下，且热力系统不做非体积功时，反应中吉布斯自由能总是向着减小的方向进行。

在化工流程模拟软件 Aspen Plus 中运用吉布斯自由能最小化原理建立等离子体气化模型并求解是常见的方法，研究者以此研究各类条件对各类产物、能量转换以及温度变化等的影响。在 Aspen Plus 软件中可以基于单元模型、物性数据库设置各种能量流与物质流。图 2.6 为典型的等离子体气化模型流程，设置的是物质流，通过选择合适单元模型模拟等离子体气化的整个过程。FEED1 为输入模型初始反应组分，采用的是进料的工业分析和元素分析数据。在图 2.6 中，建模时将等离子体气化分为干燥、热解、气化三个部分。物料分别经过 HEATER 模块（名为 HX1，热交换器）、RYIELD 模块（名为 DECOMP，热解段）、SEP 模块（名为 EVAP，分离）、SEP 模块（名为

SLAGSEP，产生炉渣）后进入 RGIBBS 模块（名为 HTZ，是一个解决多相平衡的反应器模型），等离子体由此输入，其使用的是 HEATER 模块（名为 TORCH）。HTZ 反应器产生合成气，经过热交换器后进入 LTZ 反应器（RGIBBS 模块，利用吉布斯自由能最小化）。以上为等离子体气化的建模思路，需要将模拟结果与试验数据进行对比验证。

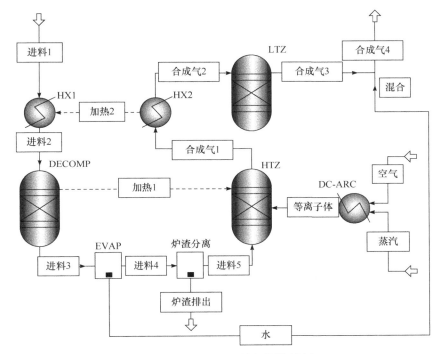

图 2.6 典型的等离子体气化模型流程

Gabbar 等利用 Aspen Plus 软件为船舶固体废物等离子体气化发电流程建模，研究了不同进料情景（一般固体废物、塑料与生活污泥以及混合进料）下的模拟结果。建模时将气化过程分为干燥区、热解挥发区、高温区与低温区。与图 2.6 的不同之处在于其等离子体炬使用 COMSOL 模块，因为等离子体的类型为射频等离子体。同时，热解段之后也没有炉渣排出，取而代之的是在 HTZ 反应器后设置了灰尘分离 ASHSEP。Khuriati 等使用 Aspen Plus 建模研究了空气与水蒸气对等离子体气化城市固体废物的影响，结果表明，当仅用空气作为等离子体时效率与 CO 产生量最高，而水蒸气的加入促进了 H_2 的产生但抑制了 CO 的产生。其他研究的等离子体气化单元建模与图 2.6

中的模块基本一致，只是进料不同、增加其他单元或与其他工艺组合。Mazzoni
等比较了整体等离子体气化联合循环（IPGCC）与整体煤气化联合循环
（IGCC）发电的模拟结果。在 Mazzoni 等的另一研究中，还与传统气流床气
化比较了能源回收结果。

参考文献

[1] 杜长明, 蔡晓伟, 余振棠, 等. 热等离子体处理危险废物近零排放技术[J]. 高电压技术, 2019, 45(9): 2999-3012.

[2] Fulcheri L, Fabry F, Takali S, et al. Three-phase AC arc plasma systems: A review[J]. Plasma Chemistry and Plasma Processing, 2015, 35(4): 565-585.

[3] Rutberg P G, Lukyanov S A, Kiselev A A, et al. Investigation of parameters of the three phase high-voltage alternating current plasma generator with power up to 100 kW working on steam[J]. Journal of Physics: Conference Series, 2011, 275: 12006.

[4] Heberlein J, Murphy A B. Thermal plasma waste treatment[J]. Journal of Physics D: Applied Physics, 2008, 41(5): 53001.

[5] Bacon M. Plasma assisted sludge oxidation[J]. Water Environment Federation Online Library, 2002(3): 495-509.

[6] Mulhern T, Bacon M. Full scale demonstration of plasma assisted sludge oxidation[J]. Water Environment Federation Online Library, 2006(2): 988-1001.

[7] Rutberg G Ph, Bratsev A N, Safronov A A, et al. The technology and execution of plasmachemical disinfection of hazardous medical waste[J]. IEEE Transactions on Plasma Science, 2002, 30(4): 1445-1448.

[8] Huang H, Tang L. Treatment of organic waste using thermal plasma pyrolysis technology[J]. Energy Conversion and Management, 2007, 48(4): 1331-1337.

[9] Ghiloufi I. Simulation of radioelement volatility during the vitrification of radioactive wastes by arc plasma[J]. Journal of Hazardous Materials, 2009, 163(1): 136-142.

[10] Xie W, Lin P, Lu J, et al. An experimental study on treatment of typical low and intermediate level radioactive wastes with thermal plasma melting technology[J]. International Journal of Materials Science and Applications, 2018, 7(4): 147.

[11] 陈明周, 吕永红, 向文元, 等. 核电站低中放固体废物热等离子体处理研究进展[J]. 辐射防护, 2012, 32(1): 40-47.

[12] 江贻满, 倪国华, 宋晔, 等. 热等离子体对模拟有机低放射性废物固化处理试验分析[J]. 高电压技术, 2013(7): 1750-1756.

[13] 王兰, 陈顺彰, 侯晨曦, 等. 等离子体技术处理放射性废物的研究进展[J]. 材料导报, 2016, 30(S2): 116-120.

[14] Cheng T, Chu J, Tzeng C, et al. Treatment and recycling of incinerated ash using thermal plasma technology[J]. Waste Management, 2002, 22(5): 485-490.

[15] Cheng T W, Huang M Z, Tzeng C C, et al. Production of coloured glass-ceramics from incinerator ash using thermal plasma technology[J]. Chemosphere, 2007, 68(10): 1937-1945.

[16] Yang S F, Wang T M, Lee W C, et al. Man-made vitreous fiber produced from incinerator ash using the thermal plasma technique and application as reinforcement in concrete[J]. Journal of Hazardous Materials, 2010, 182(1): 191-196.

[17] Zhao P, Ni G, Jiang Y, et al. Destruction of inorganic municipal solid waste incinerator fly ash in a DC arc plasma furnace[J]. Journal of Hazardous Materials, 2010, 181(1): 580-585.

[18] Ma W, Fang Y, Chen D, et al. Volatilization and leaching behavior of heavy metals in MSW incineration fly ash in a DC arc plasma furnace[J]. Fuel, 2017, 210: 145-153.

[19] Ramachandran K, Kikukawa N. Thermal plasma in-flight treatment of electroplating sludge[J]. IEEE Transactions on Plasma Sciences, 2002, 30(1): 310-317.

[20] Cubas A L V, Machado M M de, Medeiros Machado M de, et al. Inertization of heavy metals present in galvanic sludge by DC thermal plasma[J]. Environmental Science & Technology, 2014, 48(5): 2853-2861.

[21] Rath S S, Nayak P, Mukherjee P S, et al. Treatment of electronic waste to recover metal values using thermal plasma coupled with acid leaching - a response surface modeling approach[J]. Waste Management, 2012, 32(3): 575-583.

[22] Szałatkiewicz J. Metals recovery from artificial ore in case of printed circuit boards, using plasmatron plasma reactor: Metals recovery from artificial ore in case of printed circuit boards, using plasmatron plasma reactor[J]. Materials (Basel), 2016, 9(8): 683.

[23] Mitrasinovic A, Pershin L, Wen J Z, et al. Recovery of Cu and valuable metals from e-waste using thermal plasma treatment[J]. JOM, 2011, 63(8): 24-28.

[24] Krystyna Cedzyńska, Zbigniew Kolaciński. Plasma destruction of toxic chloroorganic wastes towards zero residues[J]. Journal of Advanced Oxidation Technologies, 2004, 7(1): 74-78.

[25] Cubas A L V, Carasek E, Debacher N A, et al. Development of a DC-plasma torch constructed with graphite electrodes and an integrated nebulization system for decomposition of CCl₄[J]. Journal of the Brazilian Chemical Society, 2005, 16: 531-534.

[26] Jędrzejczyk T, Kołaciński Z, Koza D, et al. Plasma recycling of chloroorganic wastes[J]. Open Chemistry, 2015, 13(1).

[27] Averroes A, Sekiguchi H, Sakamoto K. Treatment of airborne asbestos and asbestos-like microfiber particles using atmospheric microwave air plasma[J]. Journal of Hazardous Materials, 2011, 195: 405-413.

[28] Lázár M, Čarnogurská M, Brestovič T, et al. High-temperature processing of asbestos-cement roofing material in a plasma reactor[J]. Polish Journal of Environmental Studies, 2016, 25(5).

[29] Leal-Quirós E. Plasma processing of municipal solid waste[J]. Brazilian Journal of Physics, 2004, 34(4B): 1587-1593.

[30] Zhang Q, Dor L, Fenigshtein D, et al. Gasification of municipal solid waste in the plasma gasification melting process[J]. Applied Energy, 2012, 90(1): 106-112.

[31] Ruj B, Ghosh S. Technological aspects for thermal plasma treatment of municipal solid

waste—a review[J]. Fuel Processing Technology, 2014, 126: 298-308.

[32] Shie J L, Chen L X, Lin K L, et al. Plasmatron gasification of biomass lignocellulosic waste materials derived from municipal solid waste[J]. Energy, 2014, 66: 82-89.

[33] Mazzoni L, Janajreh I. Plasma gasification of municipal solid waste with variable content of plastic solid waste for enhanced energy recovery[J]. International Journal of Hydrogen Energy, 2017, 42(30): 19446-19457.

[34] Sanlisoy A, Carpinlioglu M O. A review on plasma gasification for solid waste disposal[J]. International Journal of Hydrogen Energy, 2017, 42(2): 1361-1365.

[35] Munir M T, Mardon I, Al-Zuhair S, et al. Plasma gasification of municipal solid waste for waste-to-value processing[J]. Renew Sustain Energy Rev, 2019, 116: 109461.

[36] Abdulkarim B I, Hassan M A, Ali A M. Thermal plasma treatment of municipal solid waste incineration residue: A review[J]. Asian Journal of Engineering and Technology, 2016, 4(5).

[37] Huang H, Tang L, Wu C Z. Characterization of gaseous and solid product from thermal plasma pyrolysis of waste rubber[J]. Environment Science & Technology, 2003, 37(19): 4463-4467.

[38] Tang L, Huang H. Thermal plasma pyrolysis of used tires for carbon black recovery[J]. Journal of Materials Science, 2005, 40(14): 3817-3819.

[39] Huang H, Tang L. Pyrolysis treatment of waste tire powder in a capacitively coupled RF plasma reactor[J]. Energy Conversion and Management, 2009, 50(3): 611-617.

[40] 2nd international symposium on multidisciplinary studies and innovative technologies (ismsit)[C]. IEEE, 2018. https://doi.org/10.1109/ISMSIT47627.2019.

[41] Tang L, Huang H, Zhao Z, et al. Pyrolysis of polypropylene in a nitrogen plasma reactor[J]. Industrial & Engineering Chemistry Research, 2003, 42(6): 1145-1150.

[42] Sekiguchi H, Orimo T. Gasification of polyethylene using steam plasma generated by microwave discharge[J]. Thin Solid Films, 2004, 457(1): 44-47.

[43] Punčochář M, Ruj B, Chatterj P K. Development of process for disposal of plastic waste using plasma pyrolysis technology and option for energy recovery[J]. Procedia Engineering, 2012, 42: 420-430.

[44] Hyun Seo Park, Cheol Gyu Kim, Seong Jung Kim. Characteristics of pe gasification by steam plasma[J]. Journal of Industrial and Engineering Chemistry, 2006, 12(2): 216-223.

[45] Dave P N, Joshi A K. Plasma pyrolysis and gasification of plastics waste - a review[J]. Journal of Scientific & Industrial Research, 2010, 69: 177-179.

[46] Joshi A, Nema S K, Dave P N. Energy recovery study for polyethylene and cotton by thermal plasma degradation[J]. Iranian Journal of Chemistry & Chemical Engineering, 2013, 10(3).

[47] Materazzi M, Lettieri P, Taylor R, et al. Performance analysis of rdf gasification in a two stage fluidized bed-plasma process[J]. Waste Management, 2016, 47: 256-266.

[48] Campbell L C. Plasma pyrolysis of hazardous process and biological hospital waste[C] //. IEE Colloquium on Destruction of Waste and Toxic Materials Using Electric Discharges. IET, 1992: 6/1-6/3.

[49] Chu J P, Hwang I J, Tzeng C C, et al. Characterization of vitrified slag from mixed medical waste surrogates treated by a thermal plasma system[J]. Journal of Hazardous Materials,

船舶固体废物等离子体处理及经济性分析

1998, 58(1): 179-194.

[50] Fiedler J, Lietz E, Bendix D, et al. Experimental and numerical investigations of a plasma reactor for the thermal destruction of medical waste using a model substance[J]. Journal of Physics D: Applied Physics, 2004, 37(7): 1031.

[51] Chernets O V, Korzhyk V M, Marynsky G S, et al. Electric arc steam plasma conversion of medicine waste and carbon containing materials[C] // Jones, J E. 17th International Conference on Gas Discharges and Their Applications. Piscataway, NJ: IEEE, 2008: 465-468.

[52] Zhang L, Yan J H, Du C M, et al. Study on vitrification of simulated medical wastes by thermal plasma[J]. Huan Jing Ke Xue, 2012, 33(6): 2104-2109.

[53] Messerle V E, Mosse A L, Paskalov G, et al. Plasma gasification of biomedical waste[C] // Institute of Electrical and Electronics Engineers, publisher. 2017 IEEE International Conference on Plasma Science (ICOPS 2017): Atlantic City, New Jersey, USA, 21-25 May 2017. Piscataway, NJ: IEEE, 2017: 1.

[54] Messerle V E, Mosse A L, Ustimenko A B. Processing of biomedical waste in plasma gasifier[J]. Waste Management, 2018, 79: 791-799.

[55] Nema S K, Ganeshprasad K S. Plasma pyrolysis of medical waste[J]. Current Science, 2002, 83(3): 271-278.

[56] PARK H S, LEE B J, KIM S J. Medical waste treatment using plasma[J]. Journal of Industrial and Engineering Chemistry, 2005, 11(3): 353-360.

[57] Zhao Z, Huang H, Wu C, et al. Biomass pyrolysis in an argon/hydrogen plasma reactor[J]. Engineering in Life Sciences, 2001, 1(5): 197-199.

[58] Kezelis R, Mecius V, Valinciute V, et al. Waste and biomass treatment employing plasma technology[J]. High Temperature Material Processes, 2004, 8(2): 273-282.

[59] Tang L, Huang H. Plasma pyrolysis of biomass for production of syngas and carbon adsorbent[J]. Energy Fuels, 2005, 19(3): 1174-1178.

[60] Oost G V, Hrabovsky M, Kopecky V, et al. Pyrolysis/gasification of biomass for synthetic fuel production using a hybrid gas-water stabilized plasma torch[J]. Vacuum, 2008, 83(1): 209-212.

[61] Rutberg P, Bratsev A N, Kuznetsov V A, et al. On efficiency of plasma gasification of wood residues[J]. Biomass Bioenergy, 2011, 35(1): 495-504.

[62] Hlina M, Hrabovsky M, Kavka T, et al. Production of high quality syngas from argon/water plasma gasification of biomass and waste[J]. Waste Management, 2014, 34(1): 63-66.

[63] Huang X, Cheng D, Chen F, et al. Reaction pathways of hemicellulose and mechanism of biomass pyrolysis in hydrogen plasma: A density functional theory study[J]. Renewable Energy, 2016, 96: 490-497.

[64] Tamošiūnas A, Valatkevičius P, Valinčius V, et al. Biomass conversion to hydrogen-rich synthesis fuels using water steam plasma[J]. Comptes Rendus Chimie, 2016, 19(4): 433-440.

[65] Fabry F, Rehmet C, Rohani V, et al. Waste gasification by thermal plasma: A review[J]. Waste Biomass Valorization, 2013, 4(3): 421-439.

[66] An'shakov A S, Faleev V A, Danilenko A A, et al. Investigation of plasma gasification of carbonaceous technogeneous wastes[J]. Thermophysics and Aeromechanics, 2007, 14(4): 607-616.

[67] Gomez E, Rani D A, Cheeseman C R, et al. Thermal plasma technology for the treatment of wastes: A critical review[J]. Journal of Hazardous Materials, 2009, 161(2-3): 614-626.

[68] Rutberg Ph G, Safronov A A, Popov S D, et al. Multiphase stationary plasma generators working on oxidizing media[J]. Plasma Physics and Controlled Fusion, 2005, 47(10): 1681.

[69] Nishikawa H, Ibe M, Tanaka M, et al. A treatment of carbonaceous wastes using thermal plasma with steam[J]. Vacuum, 2004, 73(3-4): 589-593.

[70] Nishikawa H, Ibe M, Tanaka M, et al. Effect of DC steam plasma on gasifying carbonized waste[J]. Vacuum, 2006, 80(11-12): 1311-1315.

[71] Shie J L, Tsou F J, Lin K L, et al. Bioenergy and products from thermal pyrolysis of rice straw using plasma torch[J]. Bioresource Technology, 2010, 101(2): 761-768.

[72] Agon N, Hrabovský M, Chumak O, et al. Plasma gasification of refuse derived fuel in a single-stage system using different gasifying agents[J]. Waste Management, 2016, 47: 246-255.

[73] Galeno G, Minutillo M, Perna A. From waste to electricity through integrated plasma gasification/fuel cell (ipgfc) system[J]. International Journal of Hydrogen Energy, 2011, 36(2): 1692-1701.

[74] Byun Y, Cho M, Chung J W, et al. Hydrogen recovery from the thermal plasma gasification of solid waste[J]. Journal of Hazardous Materials, 2011, 190(1): 317-323.

[75] 黄建军. 固体废物等离子体高温热解装置与实验研究[D]. 合肥: 中国科学院等离子体物理研究所, 2004.

[76] 王晓明. 生物质等离子体喷动—流化床特性研究[D]. 广州: 广州大学, 2011.

[77] 熊建新. 有机固体废弃物等离子体喷动—流化床热解初步研究[D]. 广州: 广州大学, 2012.

[78] 孙德茂. 基于热等离子体的焦化废水污泥资源化利用研究[D]. 广州: 华中科技大学, 2014.

[79] 李铭书. 污泥处理用热等离子体基本特性及污泥处理产物特性研究[D]. 武汉: 华中科技大学, 2018.

[80] 毛梦梅. 热等离子体气化技术处理印染污泥的研究[D]. 杭州: 浙江大学, 2017.

[81] Helsen L, Bosmans A. Waste-to-energy through thermochemical processes : Matching waste with process[C] //. ELFM, 2010: 1-41.

[82] Janajreh I, Raza S S, Valmundsson A S. Plasma gasification process: Modeling, simulation and comparison with conventional air gasification[J]. Energy Conversion and Management, 2013, 65: 801-809.

[83] Gabbar H A, Lisi D, Aboughaly M, et al. Modeling of a plasma-based waste gasification system for solid waste generated onboard of typical cruiser vessels used as a feedstock[J]. Designs, 2020, 4(3): 33.

[84] Khuriati A, Purwanto P, Setiyo Huboyo H, et al. Application of aspen plus for municipal solid waste plasma gasification simulation: Case study of jatibarang landfill in semarang Indonesia[J]. Journal of Physics: Conference Series, 2018, 1025(1): 12006.

[85] Mazzoni L, Janajreh I, Elagroudy S, et al. Modeling of plasma and entrained flow co-gasification of MSW and petroleum sludge[J]. Energy, 2020, 196: 117001.

[86] Mazzoni L, Almazrouei M, Ghenai C, et al. A comparison of energy recovery from MSW through plasma gasification and entrained flow gasification[J]. Energy Procedia, 2017, 142: 3480-3485.

[87] 蔡晓伟. 船舶固体废物热等离子体处理的经济性分析研究[D]. 广州: 中山大学, 2021: 1-149.

船舶固体废物等离子体处理及经济性分析

第 **3** 章

等离子体处理船舶
固体废物经济模型

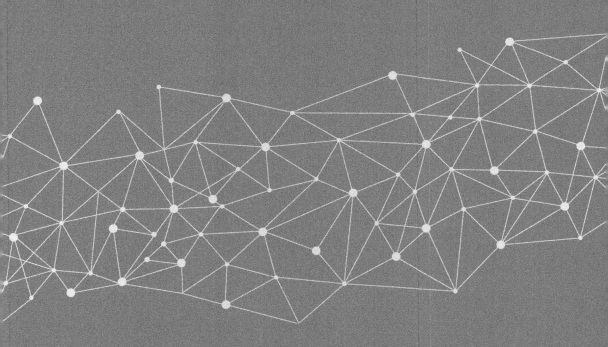

3.1

经济分析方法

对一个项目（或一个项目的不同经济场景）进行投资评价选择时，常用的判断标准有内含报酬率法（IRR 法）和净现值法（NPV 法）。等离子体处理固体废物是高耗能项目，属于长期性的能源产业，因此应用净现值法尤为合适。当 IRR 最大或者 NPV 大于 0 时，可认为某个项目场景具有经济可行性。IRR 法一般只适用于单个项目的可行性评价。如 Jain 等利用 IRR 法分析了船舶回收厂的废物经过等离子体气化厂处理后所增加的收益，显示其投资能快速回本，并且在特定的场景可提高报废船舶的售价。NPV 法考虑了资本的时间价值，对其项目经营期内的未来的现金流按一定的折现率折现为现值后与投资成本进行比较，此差值大小便可用来评价投资方案的经济可行性。

现值是指给定某个时刻作为基准，在这时刻之后发生的现金流量以恰当的折现率折算为基准时刻的价值，从而使得不同时间的现金流能够在相同的基准下进行比较。在投资项目的评价中，这个"基准时刻"通常用年份来度量，称为基准年。现值的计算公式如下：

$$P_k = \frac{F_k}{(1+i)^k} \tag{3.1}$$

基本的净现值的计算公式如下：

$$\mathrm{NPV} = \sum_{k=0}^{n} \frac{\mathrm{NCV}_k}{(1+i)^k} \tag{3.2}$$

式中　F——未来现金流量；

　　　k——期数（基准年后的第 k 年）；

　　　i——折现率；

　　　P——F 的现值表达；

　NPV ——净现值；

　NCV ——净现金流量；

　　　n——项目寿命或者其他周期。

净现值公式中主要包括两部分，即：

　　　　NPV=未来现金流量总现值−投资成本现值

式中，未来现金流量总现值是未来各年收入与支出的折现值的总和；投资成本包括权益资本和外部融资资金，后者因分期偿还而产生的年投资成本也需要进行折现。

图 3.1　一个投资项目的建设、融资偿还和运行时间线

如图 3.1 所示，以投资资金的折现为例，其发生在摊还期内，对于"0年"之前的时间记为负数，在此段时间（$-m < k < n$），将所有的 P_k 相加，得到投资成本的现值，即：

$$P_{inv} = \sum_{k=-m}^{n} \frac{F_{k,inv}}{(1+i)^k} \qquad (3.3)$$

而运行成本发生在投入运营到停止运营期间（$0 < k < n+p$），每年的运行成本折现后的总和如式（3.4）所示：

$$P_{ope} = \sum_{k=0}^{n+p} \frac{F_{k,ope}}{(1+i)^k} \qquad (3.4)$$

未来每年现金流量的折现与此类似。

使用净现值法将船舶固体废物等离子体气化发电项目的投资成本、现金流量折现到基准年，构建项目不参与 CDM 活动与参与 CDM 活动的净现值公式，然后由已知资料确定船舶固体废物处理价格。当项目收入与支出平衡（NPV=0）时，得到的即为最低处理价格，由此确定对两个项目的收支构成并分析项目的敏感性，从而探讨项目的经济可行性。

3.2

项目及经济模型基本情况确定

（1）项目的运行模式

受相关法律法规的约束，对于大、中型船舶来说，配备船舶垃圾的处理装置是必须的，一般为船用的焚烧炉。船舶日趋大型化与现代化使得船舶所需资金量、投资回收期与风险也相应增大。同时对其专业化、清洁化的要求也日趋完善，大大促进了船舶运输业的发展。

在我国，城市固体废物处理通常采用政府和社会资本合作的方式，即由政府批准授权参与项目，而企业进行具体项目的前期设计、投资融资、勘察建设、运营和维护。在海洋运输上，船东或船舶管理公司是整个海运产业链的核心，是各种海事服务的买单人。因此，船舶固体废物的处理模式与陆地上垃圾的处理模式截然不同。现阶段，在没有其他政策法规约束的情况下，船东或船舶管理公司是船舶固体废物处理的项目主体，在经营上只能是自负盈亏。由于没有其他因素约束企业的行为，此类项目很难保证正常运行，甚至船舶管理公司根本不会考虑此种项目。在船舶上处理固体废物一般只对远洋航行大型船舶和军舰有吸引力。对于采用等离子体处理船舶固体废物的船舶管理公司来说，由于等离子体项目投资较大，企业除了自筹资金之外，一般还向金融机构贷款，并且需要在一定期限内向银行偿还本金以及利息。船舶管理公司也可以通过回收固体废物以及处理废物生产电量、蒸汽、炉渣等副产品等措施减少其他费用的支出，从而获取更多的收益。另外，美国福特号航空母舰（CVN-78）与肯尼迪号航空母舰（CVN-79）均搭载了 Pyrogenesis 公司的 PAWDS 系统，其运行模式是美国海军向该公司下订单购置并安装该系统，除了销毁军舰垃圾外，一般没有其他额外的收入。

（2）项目的基本概况

在进行经济分析之前，我们有必要选定研究船舶的基本情况，以便进行后续的计算。确定的船舶具有以下主要特征：

① 总吨位（GT）：7.8 万。

② 载重吨位（DWT）：8.3 万。

③ 人数：3000 人（包括乘客与船员）。

④ 最大航速：22 节（40.744km/h）。

⑤ 推进方式：油电混合，双推进螺旋桨（主动力装置，2×14000kW）。

⑥ 发电功率：46080kW（辅助动力装置，4×11520kW）。

根据韩国一个 10t/d 的城市固体废物等离子体气化工厂 3 年半的运行经验，每年运行 330 天是可以达到的技术特征之一。根据远洋大型船舶固体废物与污泥产生情况，本项目规模确定为一般固体废物日处理量 10.6t，污泥日处理量 7.3t，共计处理船舶固体废物 17.9t（相关计算见第 4 章）。根据远洋大型船舶的船期表，预估每年运行时间为 300 天，其他时间为船舶靠岸、系统维修和整顿时间。因此，该系统使用率约为 82%，每年大约可处理一般船舶固体废物 3176t、生活污泥 129t、含油污泥 2061t。一般而言，船舶的平均寿命为 25～30 年。假定船用等离子体系统在船舶下水后开始建设，建设与运营时间总共为 31 年，建设期为 1 年，贷款摊还期从系统投入运营为时间点算起，共 15 年。假定 2020 年（基准年）为项目开始的时间，投资成本和现金流量折现到这一基准年。在图 3.1 的基础上，可做出基础项目的建设、融资偿还和运行时间线（图 3.2）。

图 3.2　基础项目的建设、融资偿还和运行时间线

船舶固体废物组成是对系统进行能量和物料衡算的基础，本章重点梳理能量衡算的相关公式以及构建本项目的经济模型，将在下一章的具体取值中确定固体废物的组成。这些基本概况确定后才能对项目的其他部分经济参数进行赋值。

（3）项目的成本结构

等离子体处理船舶固体废物项目的成本结构主要包括投资成本和运行成本，详细的成本结构如图 3.3 所示。其中投资成本主要包括设备购置费用、

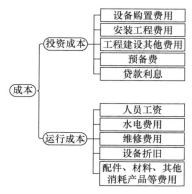

图 3.3　船舶固体废物等离子体气化项目的成本结构

船舶固体废物等离子体处理及经济性分析

安装工程费用、工程建设其他费用、预备费和贷款利息。运行成本一般需由平衡计算、价格预测以及与一些实际的类似项目作对比而综合确定。由于设备折旧不属于资金的实际支出，所以在使用净现值公式时无须考虑。

(4) 经济可行性评价方法

在投资决策中，使用净现值法作为基本方法，净现值法特别适用于长期投资决策分析。由于考虑了项目运行期间各年现金流的时间价值而增强了投资经济性的评价。资金会随着时间而贬值，内部收益率可表示项目抗贬值能力（抗风险能力）。例如，当内部收益率为 8%时，意味着项目每年可承担最大 8%的风险（或货币的最大贬值率为 8%）。在此法中，存在着折现率与内部收益率相等的特殊情况，此时 NPV=0。可以这么说，内部收益率是投资者的预期收益率，是能够促使项目净现值等于零的折现率。此时折现后的现金流入量与现金流出量相等，项目达到收支平衡，意味着该投资项目刚好取得了预期收益率。经济模型的主要目标就是计算 NPV=0 的情况下，处理船舶固体废物需要满足的最低处理价格。

3.3

目标系统流程的选择

对基于 Pyrogenesis 公司的等离子体气化处理船舶固体废物的流程进行研究和改造。Pyrogenesis 公司船用等离子体系统的标准进料速度为 200kg/h，连续运行日处理规模约为 5t。大型船舶每天产生的各类固体垃圾量为 6～9t，因此处理规模基本已接近中大型船舶的固体废物日产生量。在其原先的流程中，其等离子体喷射器产生的粗合成气直接在燃烧室中进行燃烧，这一部分能量未能得到充分利用。有鉴于此，本书采用的工艺流程如图 3.4 所示，整个船舶等离子体气化发电系统可划分成四个子系统：固体废物的预处理、等离子体气化、余热回收与合成气净化、燃气-蒸汽联合循环发电等。本书中所研究的等离子体处理系统的平均处理规模尽量考虑一般固体废物的最大产生量，并且同时处理船舶污泥，船舶污泥外的固体废物称为一般船舶固体废物，两者统称为船舶固体废物。此工艺流程充分考虑等离子体气化熔融系统的能量与物质回收，大大提高了船舶等离子体处理系统的经济可行性。

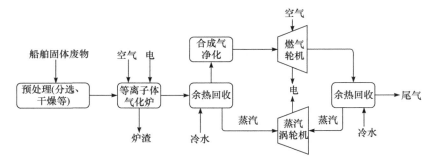

图 3.4　等离子体气化熔融船舶固体废物系统的流程

3.3.1　预处理系统

　　船舶固体废物的大小不一，在进入等离子体气化炉之前需要进行预处理，通过破碎、干燥等方式将其转变为均一的组分。

3.3.2　等离子体气化熔融系统

　　等离子体气化炉的应用范围包括一般船舶固体废物以及污油、油泥等油类混合物。油类混合物的热值比一般的垃圾高得多，可通过等离子体炉上的专用进口直接喷射入炉膛内。系统中可能发生的等离子体气化反应总结于表 3.1 中。在炉体内，船舶固体废物中的有机物在热等离子体的作用下生成合成气，而无机物则熔融成炉渣和金属从底部排出。

表 3.1　标准状态下等离子体气化反应及其反应焓（$T = 298K$，$p = 1atm$）

序号	反应名	反应式	反应焓 ΔH（kJ/mol）
1	碳氧化	$C + O_2 \longrightarrow CO_2$	−393.65
2	碳局部氧化	$C + \frac{1}{2}O_2 \longrightarrow CO$	−110.56
3	水煤气反应	$C + H_2O \rightleftharpoons CO + H_2$	+131.2
4	碳溶损反应	$C + CO_2 \rightleftharpoons 2CO$	+175.52
5	氢气化	$C + 2H_2 \rightleftharpoons CH_4$	−74.87

序号	反应名	反应式	反应焓 ΔH （kJ/mol）
6	CO 氧化	$CO+\dfrac{1}{2}O_2 \longrightarrow CO_2$	−283.01
7	H_2 氧化	$H_2+\dfrac{1}{2}O_2 \longrightarrow H_2O$	−241.09
8	水气变换反应	$CO+H_2O \rightleftharpoons CO_2+H_2$	−41.18
9	甲烷化反应	$CO+3H_2 \rightleftharpoons CH_4+H_2O$	−206.23

注：1atm=1.01325×10⁵Pa。

3.3.3　合成气净化与发电系统

整体煤气化联合循环发电（IGCC）最初应用于煤高压气化，是气化系统结合燃气轮机和蒸汽涡轮机进行综合发电的一种技术，具有热电转换效率超过 40% 的潜力。在 IGCC 系统中，净化后的合成气在燃气轮机中燃烧发电，燃气轮机的尾气以及粗合成气中的余热通过热回收蒸汽发生器产生蒸汽驱动蒸汽涡轮机发电。

合成气的净化成本是气化工艺的主要经济障碍，因为燃气轮机对合成气中的悬浮微粒、焦油等杂质极其敏感。表 3.2 列出了燃气轮机关于合成气中杂质的一些技术指标。杂质对燃气轮机寿命的影响主要体现在颗粒物和其他杂质诸如碱金属引起的结垢堵塞和高温腐蚀。例如，碱金属形成低熔点共晶盐混合物从而加速涡轮叶片的腐蚀，因此燃气轮机通常将合成气中碱金属的容许浓度设置在 10^{-6} 以下。对燃气轮机的维护保养也成了联合循环发电能否成功进行的关键步骤。

表 3.2　燃气轮机对合成气中痕量物质的耐受水平

污染物	容许浓度	原因（危害）
钾	$<1\times10^{-6}$	高温腐蚀
钠	$<1\times10^{-6}$	高温腐蚀
铅	1×10^{-6}	高温腐蚀
锌	1×10^{-6}	结垢堵塞

污染物	容许浓度	原因（危害）
焦油	<0.5mg/m³	结垢堵塞、高温腐蚀
颗粒物	<0.1×10⁻⁶	结垢堵塞

由于船舶有多个主发动机和备用发动机，其产生的废气余热可被回收（如有机兰金循环系统）。从发电模块产生的电能可驱动工艺流程中的其他设备（如泵、压缩机等）或者引入船舶电网，从而提高系统整体的热效率，增加工艺流程的可行性。

3.4

能量平衡分析

等离子体气化属于热处理技术的一种，其过程涉及各种能量的转移与转化。本书所研究的等离子体气化系统使用空气作为载气，对系统进行能量平衡分析主要是计算废物进出系统的化学能、热能和电能变化（如图3.5所示）。

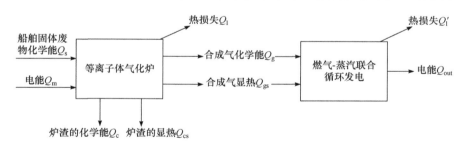

图 3.5 等离子体气化发电系统的能量变化体系

在此等离子体气化系统中，输入能量主要包括船舶固体废物化学能 Q_s 和外界输入能量（这里只考虑输入电能 Q_{in}）两部分。系统输出能量则包括：a. 合成气化学能 Q_g 和其显热 Q_{gs}；b. 熔融炉渣的化学能 Q_c 和其显热 Q_{cs}；c. 系统的热损失 Q_l。

在稳定的工况下，对于气化炉而言，其能量平衡关系式为：

$$Q_{\mathrm{s}} + Q_{\mathrm{in}} = Q_{\mathrm{g}} + Q_{\mathrm{gs}} + Q_{\mathrm{c}} + Q_{\mathrm{cs}} + Q_{\mathrm{l}} \tag{3.5}$$

在稳定的工况下,对于联合循环发电子系统而言,其能量平衡关系式为:

$$Q_{\mathrm{g}} + Q_{\mathrm{gs}} = Q_{\mathrm{out}} + Q'_{\mathrm{l}} \tag{3.6}$$

可利用的年发电量 E(kW·h/a)可用以下公式计算:

$$E = PT \tag{3.7}$$

式中 P——日垃圾发电量;

T——垃圾处理天数。

日垃圾发电量用下式计算:

$$P = (\mathrm{LHV}_1 m_1 + \mathrm{LHV}_2 m_2 + \mathrm{LHV}_3 m_3)\eta \tag{3.8}$$

式中 m_1—— 一般船舶固体废物的质量,kg;

m_2—— 船舶生活污泥的质量, kg;

m_3—— 船舶含油污泥的质量, kg;

LHV_1—— 一般船舶固体废物的热值;

LHV_2—— 船舶生活污泥的热值;

LHV_3—— 船舶含油污泥的热值。

从船舶固体废物到发电这一过程,系统经历了几次能量转换,我们用 η 描述系统的整体能量转换效率,其代表船舶固体废物的初始能量到最终能源形式(电能)的转化率。

第一个能量转换过程是固体废物经过等离子体气化炉后生成粗合成气。与垃圾焚烧不同的是,气化过程是吸热过程,一部分输入的电能会转化成合成气的化学能和热能,因此合成气所携带的总能量可能超过初始垃圾的化学能,从而导致单位垃圾发电量远高于传统气化和焚烧发电量。例如,对于日处理量为 500t 的各类热处理方法,一般垃圾焚烧发电量约为 345~544kW·h/t,传统气化则为 685kW·h/t,而等离子体气化发电可达 816kW·h/t。在等离子体气化中,能量损失主要有三个去向:焦油中的化学能、合成气的显热以及系统的热损失。合成气的显热通过余热回收的方式加以利用,因此可利用的能量包括粗合成气自身的化学能与携带的热能(用 η_p 表示合成气所携带的总能量与垃圾化学能的比值)。

第二个能量转换过程是联合循环发电,它结合了燃气轮机的布雷顿循环和蒸汽涡轮机的朗肯循环。所使用的能量来自合成气热值和气体显热。联合循环的发电效率可用下式表示:

$$\eta_c = \eta_{GT} + (1 - \eta_{GT})\eta_{HR}\eta_{ST} \qquad (3.9)$$

式中　η_{GT}——燃气轮机发电机组的发电效率，通常取值为 35%；

η_{HR}——余热锅炉的余热利用率，发电系统的余热锅炉可与一般船舶余热锅炉共用，余热利用率视为相同，取值为 80%；

η_{ST}——蒸汽涡轮机发电机组的发电效率，一般为 35%。

计算联合循环的净发电效率还应扣除用电功率，因此，联合循环的净发电效率可用下式表示：

$$\eta_{c,e} = \eta_c(1 - r) \qquad (3.10)$$

式中　$\eta_{c,e}$——联合循环的净发电效率；

η_c——联合循环的发电效率；

r——用电功率与发电机输出功率之比，通常为 1.5%。

因此，系统的整体能量转换效率由下式计算：

$$\eta = \eta_p \left[\eta_{GT} + (1 - \eta_{GT})\eta_{HR}\eta_{ST} \right](1 - r) \qquad (3.11)$$

将式（3.8）与式（3.11）代入式（3.7）可得：

$$E = (\text{LHV}_1 m_1 + \text{LHV}_2 m_2 + \text{LHV}_3 m_3)\eta_p \left[\eta_{GT} + (1 - \eta_{GT})\eta_{HR}\eta_{ST} \right](1 - r)T \qquad (3.12)$$

3.5

基础项目处理价格经济模型

3.5.1　基础模型变量

本节涉及的所有变量定义于表 3.3。

表 3.3　定义变量汇总

变量	单位	意义
t	a	相对时间
σ	a	全局时间
k	a	运行时间
I_0	万元	投资成本

变量	单位	意义
c_f	万元/a	固定成本
c_v	万元/a	可变成本
$c_{O\&M}$	万元/a	运行及维修成本,即固定成本与可变成本之和
$I_{inv}(t)$	万元	投资成本函数
e_r	%	权益资本率
M	a	摊还期
i_{EF}	%	贷款利率
i	%	折现率,本书也称预期收益率
$p_{energy}(\sigma)$	元/（kW·h）	船舶燃油发电成本,即垃圾发电的并网电价
p_{oil}	元/t	低硫燃油价格
r_{FC}	kg/（kW·h）	燃油消耗率
$p_{metal+slag}$	元/t	单位固体废物产生的金属和炉渣所能取得的收入
f_{tax}	万元	税收函数
$E(R)$	%	资产预期收益率
R_f	%	无风险收益率
β	1	行业风险系数
R_m	%	市场投资组合的预期收益率
E	MW·h/a	每年并入船舶电网的电能
q_w	t/a	年船舶固体废物产生量
p_σ	元/t	船舶固体废物的处理价格
$I_{0,CDM}$	万元/a	CDM 额外投资成本
$c_{f,CDM}$	万元/a	CDM 额外固定成本
$c_{v,CDM}$	万元/a	CDM 额外可变成本,与碳交易收入成正比
ER_y	tCO_2e/a	碳减排量
BE_y	tCO_2e/a	基准线排放量
PE_y	tCO_2e/a	项目排放量
LE_y	tCO_2e/a	泄漏量

变量	单位	意义
$P_{carbon}(\sigma)$	元/tCO₂e	碳排放交易价格
R_i	万元/a	某项投资 i 的期望收益
COV (R_m, R_i)	—	R_m 与 R_i 的协方差
$\rho\ (R_m,\ R_i)$	—	相关系数
σ_m^2	—	市场投资组合方案
σ_i	—	投资项目的期望收益的标准差

3.5.2　投资成本模型

（1）权益资本

权益资本是由企业投资者依法筹集并投入的资本金，可由企业自主支配，在项目运行前这部分资本就已具备并且无须偿还利息。在这里，权益资本率 e_r 定义了权益资本占总投资成本的比率。在项目开始之前（$k=0$），权益资本可用以下公式表示：

$$I_{inv}(0) = I_0 e_r \quad k = 0 \tag{3.13}$$

（2）年投资成本

除了权益资本外，另一部分投资主要来源于外部融资资金，这部分资金会产生利息直到摊还期结束。外部融资资金为 $I_0(1-e_r)$，则每年（期）要偿还的本金可用以下关系式表示：

$$每年(期)偿还本金 = \frac{I_0(1-e_r)}{M}$$

那么，第 k 年（期）剩余偿还金额为：

$$I_0(1-e_r) - \frac{I_0(1-e_r)}{M}(k-1)$$

上式乘以贷款利率 i_{EF}，则得到第 k 年（期）需要偿还的利息。在摊还期 M 内，年投资成本为每年需要偿还的本金与利息之和，则为：

$$I_{inv}(k) = \frac{I_0(1-e_r)}{M} + \left[I_0(1-e_r) - \frac{I_0(1-e_r)}{M}(k-1) \right] i_{EF} \quad 0 < k \leqslant M \tag{3.14}$$

联立式（3.13）、式（3.14），可得完整的投资成本计算公式，即：

$$I_{inv}(k) = \begin{cases} I_0 e_r & k = 0 \\ I_0(1 - e_r)\left[\dfrac{1}{M} + \left(1 - \dfrac{k-1}{M}\right)i_{EF}\right] & 0 < k \leqslant M \end{cases} \quad (3.15)$$

价格经济模型中需要将各年份现金流折现到基准年 2020 年。在前面已分析了项目建设、融资偿还和运行时间线，在这里需要先假设这些时间参数。假设基础项目的建设期为 1 年（第 1 次偿还本金与利息的时间间隔刚好将近1 年），摊还期为 15 年（不包含建设期），项目的建设与运营时间总共为30 年。

3.5.3　现金流量模型

将未来现金流量折现到基准年是净现值决策过程的必要组成部分。根据自由现金流折现法（FCFE 法），现金流入量（收入）记为正值，现金流出量（支出）记为负值。在本项目中，项目的支出主要为运行成本（包括固定成本和可变成本）和税收。等离子体系统质量远远小于大型船舶的吨位，因此忽略系统的船舶吨位税。

项目的收入主要包括以下几个方面。

（1）发电的收入

设可利用的年发电量为 E（kW·h/a），此部分严格上来说不是直接的收入，而是由于垃圾自发电而节省下来的燃油发电费用。为了全面体现项目的经济效益，假设项目具有独立法人地位，并将发电量售给船舶电网，因此需要将发电的收入列为现金流入。

发电系统产生的电能接入船舶电力网，其发电量与合成气携带的化学能、余热回收的能量相关。根据船舶燃油的不同，船舶自发电成本有所不同，不同质量指标的船用燃油价格有较大的差别。船舶燃油可分为以重质燃油为主要成分的残渣型燃油和以轻质燃油为主要成分的馏分型燃油两大类。对于远洋船舶来说，大多使用 380 船舶燃油（IFO 380 cst），该油品属于重质燃油。新加坡是世界上顶尖的加油港，其船用燃油 380cst 占总燃油销售的 75%也说明了这一点。但该重油含硫量高，可达到 3.5%。自 2020 年 1 月 1 日起，IMO 强制要求降低全球船舶燃料硫含量，其上限将从 3.5%降至 0.5%。

在一些排放控制领域，这一数值将更加严格（达到 0.1%）。同样，我国发布的《2020 年全球船用燃油限硫令实施方案》规定，自 2020 年 1 月 1 日起，国际船舶在中国管辖海域使用的燃料的硫含量不得超过 0.5%，内河船舶排放控制区所用燃料的硫含量不得超过 0.1%。船用燃油的价格直接影响项目的可行性，因为其价格影响船舶燃油的产电成本。本书将船舶燃油的产电成本作为所研究系统的上网电价，以此来计算项目的发电收入。

（2）回收金属和炉渣的收入

回收的金属来自预处理和等离子体气化炉，等离子体气化炉中回收金属的收入较少。由于金属属于可回收材料，其在分类回收中大部分已得到处置（这部分金属与炉渣中的金属一同计算），还有一部分混杂在待处理废物中，将在等离子体熔融过程中得到回收。等离子体气化处理中，废物中的无机物在高温的作用下熔融，形成与玻璃类似的惰性炉渣。

（3）船舶固体废物处理收入

假设条件下，该项目视为独立的法人单位，因此存在一个船舶固体废物处理收入，即该项目向船舶固体废物产生单位收取一定的垃圾处理费用，或者还拿到了其他形式的补贴。项目的船舶固体废物处理收入越低，则该处理系统越不依赖于这"额外的"垃圾处理费用或垃圾处理补贴（如果存在的话）。这里的垃圾处理收入对应陆上处理垃圾时处理单位向垃圾产生单位收取的垃圾处理费用和政府补贴，只是对于船上项目来说可能并没有补贴。定义此变量为最终所求未知变量，得出此系统的船舶固体废物处理价格，可与原本送岸垃圾接收处理费进行直接比较。

船舶固体废物等离子体气化发电的收入来源包括发电的收入、回收的金属和炉渣的收入以及向垃圾产生单位收取的处理费。根据国家税务总局关于印发《资源综合利用产品和劳务增值税优惠目录》的通知（财税[2015]78号）：a. 对以垃圾为燃料生产的电、热在销售过程中实行 100%退税政策；b. 对垃圾处理和污泥处理处置服务实行 70%的增值税退税；c. 回收金属和废渣按增值税的 30%退税。根据《中华人民共和国增值税暂行条例》，垃圾处理费属于"专业技术服务"，适用增值税税率为 6%；垃圾处理后产生的货物出售，税率一般为 13%。另外，项目还需缴纳企业所得税，根据《中华人民共和国企业所得税法》，一般企业税率为 25%，所缴的税款用 f_{tax} 表示。其他税收优惠政策在此不考虑。由此，可得出税收公式为：

$$f_{\text{tax}} = 0.25(p_{\text{energy}}(\sigma)E - c_{\text{O\&M}}) + 0.268p_{\sigma}q_{\text{w}} + 0.341p_{\text{metal+slag}}q_{\text{w}} \tag{3.16}$$

若不收取垃圾处理费，则需要去掉相应的税收。

综上，净现金流量的计算公式为：

$$\text{FCFE}_{\sigma} = p_{\text{energy}}(\sigma)E + (p_{\sigma} + p_{\text{metal+slag}})q_{\text{w}} - c_{\text{O\&M}} - f_{\text{tax}} \tag{3.17}$$

3.5.4 船舶固体废物处理价格计算模型

船舶固体废物处理价格视为模型的最终输出，而其他特征变量则为模型的输入。在本书的研究方法中提到，整个模型的计算规则是所有资金进行折现后，资金流出记为负值，同时资金流入记为正值。当 NPV=0，项目达到收支平衡，项目各经济参数达到投资要求的临界值，这意味着项目刚好满足设定的预期收益率。在这种情况下，废弃物处理价格作为未知数通过净现值公式求出，其含义为处理每吨船舶固体废物需要满足的最低处理收入。该价格越低意味着项目的经济可行性就越高。此时，如果等离子体处理系统的最低船舶固体废物处理价格与现如今的船舶污染物接收处理服务费进行比较，在无其他补贴的条件下，可直观看出节省的船舶污染物接收处理服务费是否能满足等离子体系统的最低处理收入。

3.5.4.1 净现值公式分析

净现值 NPV 是项目基准年份与船舶固体废物处理价格的函数。在投资成本与现金流量两个子模型建立完成后，净现值便可用数学公式表达，如下式所示：

$$\text{NPV}_{\sigma}(p_{\sigma}) = -\sum_{t=0}^{M} \frac{I_{\text{inv}}(t)}{(1+i)^{t+\sigma-2021}} + \sum_{t=\sigma-2020}^{\sigma+29-2020} \frac{\text{FCFE}_{\sigma}}{(1+i)^{t}} \tag{3.18}$$

等式的左边为在年份σ的净现值 NPV_{σ}，其为垃圾处理收益 p_{σ} 的函数。等式的右边由两部分组成，一是投资成本的折现，二是现金流量的折现。

第一个求和函数为投资成本的折现，属于项目资金流出，因此带负号进行计算。投资成本的折现发生在摊还期内，即 $0 \leqslant t \leqslant M$（$t$ 为整数）。（$1+i$）的指数为 $t+\sigma-2021$，σ 为项目开始投入运行的年份（即全局时间），因此该指数可保证每个现金流都被折现到基准年（2020 年）。如图 3.6 所示，可假设项目建设开始于 2025 年（建设期为 1 年）对该指数进行验证。因此，系统开始投入运行的时间为 2026 年（即 $\sigma=2026$），这时（$1+i$）的指数为 $t+5$。相对应的连加符号下 $t=0$，分子上得到 I_{inv}（0），于是求和函数的第一项为 $\dfrac{I_{inv}(0)}{(1+i)^5}$。该项的含义是将 2025 年项目权益资本折现到基准年 2020 年。其余项的计算依此类推，直到摊还期结束。

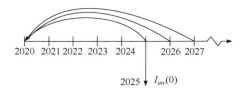

图 3.6　投资成本、现金流量折现示意（$\sigma=2026$，建设期为 1 年）

第二个求和函数为现金流量的折现，属于资金流入，因此带正号进行计算。现金流量开始产生于项目投入运营的时间（即 σ），考虑到整个项目时间为 30 年，该求和函数的下标为 $\sigma-2020$，上标为 $\sigma+29-2020$。分子上的变量 FCFE$_\sigma$ 可被分母（$1+i$）^{t} 折现到基准年。同样以图 3.6 为例，在 2026 年，求和函数的下标 $t=\sigma-2020=6$，正好与基准年相差 6 年。因此，求和函数的第一项为 $\dfrac{FCFE_{2026}}{(1+i)^6}$，意味着 2026 年的现金流 FCFE$_{2026}$ 可被准确地折现到 2020 年。其余项的计算依此类推，直到项目停止运营[在此假设下为 2026+29=2055（年）]结束。真正选取的参数为项目建设开始于 2020 年（建设期为 1 年），基准年仍为 2020 年，此时的初始投资成本便无须进行折算了，项目停止运营的时间为 2050 年。

3.5.4.2　折现率公式

使用 NPV 法进行项目的投资评价时，折现率的选择是十分关键的一环，因为折现率的不同意味着不同的经济意义，其高低也会直接影响投资项目的可行性。如果选定的折现率过低，会使投资主体投资利润低的项目；相反如果选定的折现率过高，则会使投资主体错过一些有利的项目。一般根据实际情况，有以下几个指标可作为折现率使用：a. 资本成本；b. 投资者期望报酬率；c. 机会成本；d. 企业自身的投资回报率。在许多固体废物的经济可行性分析中，常用资本资产定价模型（CAPM）计算资产预期报酬率，并将

船舶固体废物等离子体处理及经济性分析

其作为投资者期望报酬率。这样的计算结果是以能否增加投资者财富作为依据的，意味着投资的风险越大，所要求的报酬率也就越高。这种确定折现率的方法也称为"社会平均收益率法"。考虑投资的风险，本书利用资本资产定价模型确定资产预期收益率。资产预期收益率的公式为：

$$E(R) = R_f + \beta(R_m - R_f) \tag{3.19}$$

式中　$E(R)$——资产预期收益率；

　　　　R_f——无风险收益率；

　　　　R_m——市场投资组合的预期收益率；

　　　　β——行业风险系数。

无风险收益率 R_f 是指一项没有任何风险的投资所能获得的理论收益率。一般来说，无风险收益率可以由短期国债利率（或中长期国债利率）、同业拆借利率，甚至定期存款利率来代替。以市场经济发达的美国为例，以 3 月期国债利率作为无风险收益率较为统一。当然，这些利率并不能完全满足无风险收益率选取时对于安全性的要求，因为无风险是完全苛刻的。风险管理在项目的投资评估中为了在折现率中考虑投资的不确定性，引入了 $\beta(R_m-R_f)$ 为行业风险溢酬。该项可衡量一个无风险投资转移到一个平均风险投资时所需要的额外收益。该线性函数包含的 β 系数在资本资产定价模型中描述了某一项目的系统风险，是风险的度量。当特定项目对风险的预期响应大于市场组合的预期响应时，β 系数对应的值较大，反之则较小。β 系数的计算公式如式（3.20）所示：

$$\beta = \frac{COV(R_m, R_i)}{\sigma_m^2} = \frac{\sigma_i \rho(R_m, R_i)}{\sigma_m} \tag{3.20}$$

式中　　　　R_m——市场投资组合的预期收益率；

　　　　　　R_i——某项投资 i 的期望收益；

　COV (R_m, R_i)——R_m 与 R_i 的协方差；

　　$\rho(R_m, R_i)$——相关系数；

　　　　　　σ_i——投资项目的期望收益的标准差；

　　　　　　σ_m^2——市场投资组合收益的方差。

3.5.4.3　计算船舶固体废物处理价格

在满足以上各目标方程的条件下，我们要计算该项目的船舶固体废物处理价格（元/t），还受净现值 $\mathrm{NPV}_\sigma = 0$ 的约束，约束条件可用式（3.21）表示：

$$\min\left\{p_\sigma \mid \mathrm{NPV}_\sigma(p_\sigma)=0\right\} \quad \forall\sigma\in\{2021\ldots2050\} \tag{3.21}$$

将约束条件代入，可得到只包含一个未知数的等式：

$$0 = -\sum_{t=0}^{M}\frac{I_{\mathrm{inv}}(t)}{(1+E(R))^{t+\sigma-2021}}+\sum_{t=\sigma-2020}^{\sigma+29-2020}\frac{p_{\mathrm{energy}}(\sigma)E+(p_\sigma+p_{\mathrm{metal+slag}})q_{\mathrm{w}}-c_{\mathrm{O\&M}}-f_{\mathrm{tax}}}{(1+E(R))^{t}} \tag{3.22}$$

整理可得：

$$p_\sigma = \frac{\displaystyle\sum_{t=0}^{M}\frac{I_{\mathrm{inv}}(t)}{(1+E(R))^{t+\sigma-2021}}+\sum_{t=\sigma-2020}^{\sigma+29-2020}\frac{0.75(c_{\mathrm{O\&M}}-p_{\mathrm{energy}}(\sigma)E)-0.659p_{\mathrm{metal+slag}}q_{\mathrm{w}}}{(1+E(R))^{t}}}{\displaystyle\sum_{t=\sigma-2020}^{\sigma+29-2020}\frac{0.732q_{\mathrm{w}}}{(1+E(R))^{t}}} \tag{3.23}$$

参考文献

[1] Byun Y, Cho M, Hwang S M, et al. Thermal plasma gasification of municipal solid waste (MSW)[M] // Yun, Y. Gasification for PracticalApplications. InTech, 2012. https://d2oc0ihd6a5bt.cloudfront.net/wp-content/uploads/sites/837/2016/03/B4_4_WILLIS-Ken_AlterNRG.pdf.

[2] Yin J, Fan L. Survival analysis of the world ship demolition market[J]. Transport Policy (Oxf), 2018, 63: 141-156.

[3] Pyrogenesis Canada Inc. Waste destruction (PAWDS shipboard)[OL]. [2020-06-02]. https://www.pyrogenesis.com/products-services/waste-management/pawds-onboard/.

[4] 王建强, 陈纪赛. 船舶污染物处理技术及发展方向探讨[J]. 船海工程, 2010, 39(6): 71-77.

[5] Young G C. Municipal solid waste to energy conversion processes: Economic, technical, and renewable comparisons[M]. New Jersey: John Wiley & Sons, 2010.

[6] Ancona M A, Baldi F, Bianchi M, et al. Efficiency improvement on a cruise ship: Load allocation optimization[J]. Energy Conversion and Management, 2018, 164: 42-58.

[7] International Maritime Organization. Sulphur 2020-cutting sulphur oxide emissions[OL]. [2020-10-06]. http://www. imo. org/en/mediacentre/hottopics/pages/sulphur-2020. aspx.

[8] 中华人民共和国海事局. 关于发布《2020 年全球船用燃油限硫令实施方案》的公告[OL]. [2020-11-19].

[9] 蔡晓伟. 船舶固体废物等离子体处理的经济性分析研究[D]. 广州: 中山大学, 2021: 1-149.

第 4 章

船舶等离子体处理
系统经济模型计算

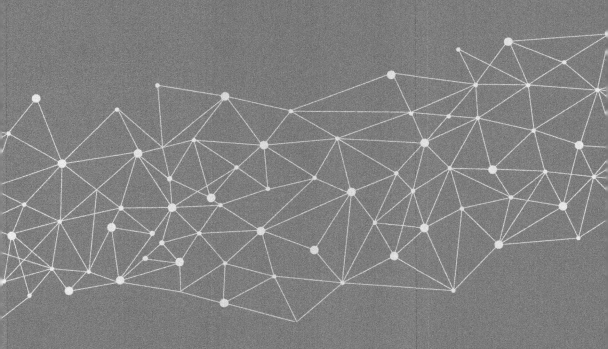

船舶等离子体处理 CDM 项目经济模型

    构建完以上的船舶固体废物处理收益的基本经济模型之后，下一步的目标是将基本模型扩展到包含清洁发展机制（CDM）活动的船舶固体废物等离子体处理项目。清洁发展机制是在《京都议定书》中建立的一个国际合作机制。在 CDM 项目的经济评价中，项目因开展温室气体减排活动而获得"经核证的减排量"（CERs）。CDM 项目产生的减排量是指与"无等离子体处理系统"相比，船舶能够产生的减排效果。此减排额将可以在碳交易市场出售，从而获取收入。另外，与一般的投资项目相比，清洁发展机制项目在启动到完成交易的过程中，需要经历额外的核查核证程序、监测、信息搜寻与获取、CDM 管理等，这给清洁发展机制项目的开发带来了一些额外的执行成本。

    在清洁发展机制过程中，执行成本可能出现在项目清洁发展机制过程的各个阶段（项目前期阶段、项目实施阶段、核证的排减量货币化阶段）和各级管理（项目级、地方政府级、国家政府级和国际实体级）层次上。因此，对基础模型改进的基本思路主要包括以下几方面：

    ① 在投资成本子模型中，增加 CDM 活动的投资成本（指一次性的执行成本）；

    ② 在现金流量子模型中，增加的现金流出量包括与 CDM 相关的固定成本和可变成本；

    ③ 在现金流量子模型中，由于参与碳排放交易，增加的收益为现金流入量。

    在表 3.3 基础变量的基础上，上述讨论的变量总结于表 4.1 中。

表 4.1　CDM 项目参数

变量	单位	意义
$I_{0,CDM}$	万元	CDM 项目的额外投资成本
$c_{f,CDM}$	万元/a	CDM 项目的额外固定成本
$c_{v,CDM}$	%	CDM 项目的额外可变成本，以碳交易额的比例表示
BE	tCO_2e/a	碳排放基线
PE	tCO_2e/a	项目碳排放量

变量	单位	意义
ER	tCO₂e/a	碳减排量
p_{carbon}（σ）	万元/tCO₂e	碳交易价格

4.2

CDM 项目投资成本模型

在 3.5.2 节中，我们建立了基本项目的投资成本模型。在此基础上，CDM 项目的初始投资成本由两部分组成，其中一部分与基础项目的投资成本 I_0 一致，除此之外还应该包含参与 CDM 活动而产生的额外投资成本 $I_{0,CDM}$。因此，在项目开始之前（$k=0$），CDM 项目的权益资本可用以下公式表示：

$$I_{inv}(0) = (I_0 + I_{0,CDM})e_r \quad k = 0 \tag{4.1}$$

剩余的初始投资成本因为是从银行贷款所得，需要在摊还期偿还本金和利息。如前所述，这部分还款金额称为年投资成本。CDM 项目的年投资成本等于每年还本付息之和：

$$I_{inv}(k) = \frac{(I_0 + I_{0,CDM})(1-e_r)}{M} + (I_0 + I_{0,CDM})(1-e_r)\left(1 - \frac{k-1}{M}\right)i_{EF} \quad 0 < k \leqslant M \tag{4.2}$$

整合以上两式，可得 CDM 项目的投资成本计算公式为：

$$I_{inv}(k) = \begin{cases} (I_0 + I_{0,CDM})e_r & k = 0 \\ (I_0 + I_{0,CDM})(1-e_r)\left[\dfrac{1}{M} + \left(1 - \dfrac{k-1}{M}\right)i_{EF}\right] & 0 < k \leqslant M \end{cases} \tag{4.3}$$

4.3

CDM 项目现金流量模型

现金流量是项目现金流出量与现金流入量之差。对于 CDM 项目来说，现金流入量应该是发电收入、回收金属和炉渣的销售收入、船舶固体废物的处理收入以及碳排放交易收入之和，即：

$$\text{FCFE}_{\sigma,\text{in}} = p_{\text{energy}}(\sigma)E + (p_{\sigma} + p_{\text{metal+slag}})q_{\text{w}} + \text{ER}P_{\text{carbon}}(\sigma) \tag{4.4}$$

式中　ER——碳减排量；

　　　P_{carbon}——碳交易价格。

现金流出量=基础运行成本+CDM 额外运行成本+税收，即：

$$\text{FCFE}_{\sigma,\text{out}} = c_{\text{O\&M}} + c_{\text{v,CDM}}\text{ER}P_{\text{carbon}}(\sigma) + c_{\text{f,CDM}} + f'_{\text{tax}} \tag{4.5}$$

CDM 项目的可变成本主要为适应性费用（属于资金流出），其中捐赠联合国气候变化适应基金的部分占核证减排量的 2%。同时根据《清洁发展机制项目运行管理办法（修订）》和《中国清洁发展机制项目转让温室气体减排量国家收入收取办法》，国家对本项目征收温室气体减排转让交易额的2%。国家收入=（核证减排量–捐赠联合国气候变化适应基金核证减排量）×交易单价×国家收入比例。因此，国家收取比例占核证减排量的 1.96%。这些费用主要用于支持与应对气候变化相关的活动。对于碳交易收入税收按一般企业所得税的税率（25%）计算，其中转让部分免征企业所得税。CDM项目的税收公式为：

$$f'_{\text{tax}} = 0.25\left[p_{\text{energy}}(\sigma)E - c_{\text{O\&M}} - c_{\text{f,CDM}} + (1 - c_{\text{v,CDM}})\text{ER}P_{\text{carbon}}(\sigma) \right] \\ + 0.268p_{\sigma}q_{\text{w}} + 0.341p_{\text{metal+slag}}q_{\text{w}} \tag{4.6}$$

整合式（4.4）和式（4.5），得到 CDM 项目的现金流量计算公式：

$$\text{FCFE}_{\sigma} = p_{\text{energy}}(\sigma)E + (p_{\sigma} + p_{\text{metal+slag}})q_{\text{w}} - c_{\text{O\&M}} \\ + (1 - c_{\text{v,CDM}})\text{ER}P_{\text{carbon}}(\sigma) - c_{\text{f,CDM}} - f'_{\text{tax}} \tag{4.7}$$

4.4

CDM 项目船舶固体废物处理价格计算模型

与基础项目的船舶固体废物处理价格计算同理，整合公式可得到 CDM 项目的船舶固体废物处理价格计算公式。

$$p_\sigma = \frac{\displaystyle\sum_{t=0}^{M} \frac{I_{\text{inv}}(t)}{(1+E(R))^{t+\sigma-2021}} + \sum_{t=\sigma-2020}^{\sigma+29-2020} \frac{0.75\left[c_{\text{O\&M}} + c_{\text{f,CDM}} - p_{\text{energy}}(\sigma)E + (c_{\text{v,CDM}} - 1)\text{ER}P_{\text{carbon}}(\sigma)\right] - 0.659\,p_{\text{metal+slag}}\,q_{\text{w}}}{(1+E(R))^t}}{\displaystyle\sum_{t=\sigma-2020}^{\sigma+29-2020} \frac{0.732 q_{\text{w}}}{(1+E(R))^t}}$$

(4.8)

第 3 章建立的船舶等离子体处理系统经济模型中的多数参数是变化的。本章在此基础上给所有参数赋予一常数值，以此作为船舶等离子体处理系统的一个特定的应用场景。根据远洋大型船舶的船期表，预估每年运行时间为 300 天，其他时间为船舶靠岸、系统维修和整顿时间。因此，该系统使用率约为 82%，每年大约可处理一般船舶固体废物 3176t、生活污泥 129t、含油污泥 2061t。由于现阶段没有关于船舶固体废物等离子体处理系统的经济性分析，所以本书主要结合陆上等离子体工厂的相关资料来对船用等离子体系统的支出与收入进行估算。与基础项目相比，CDM 项目的收支项目还需要估算参与 CDM 活动的额外投资成本、额外运行成本和售卖核证碳减排量收入这三项。

4.5 基础项目投资与运行成本计算

关于模型中的投资资金、运行成本等参数的取值，主要以参考其他文献资料、网上公开的资料并进行数据的合理处理进行确定。

4.5.1 基础项目投资成本

热等离子体项目为资本密集型项目，因此很少受投资者青睐。但热等离子体气化工艺的经济性仍然有许多可变参数，如区域特征、待处理固体废物类型、容量等。如果考虑所有因素，那么经济估算会非常困难。一般对于热等离子体气化系统来说，处理规模越大，单位质量投资额就越小。由于规模效应，在估算垃圾处理厂投资资金时，通常工厂规模每增加一倍，投资额就减少 10%。与一般等离子体工厂相比，船用等离子体系统规模较小，因此综合国内外部分等离子体处理厂投资资料以及地区因素，依据已有资料确定规模与投资额的关系，从而对基础项目投资成本进行估算。国内外部分等离子体气化发电厂投资资料如表 4.2 所示。Alter NRG（西屋等离子体公司的母公司）拥有现如今全世界最大的热等离子体气化项目，等离子体气化项目较多，商业模式较为成熟。在其同样规模的典型项目总投资成本比较中，欧洲地区是北美地区的 1.06 倍，亚洲地区只有北美地区的 0.64 倍。因此，所有项目忽略其他因素（如时间）对投资总额的影响，国外项目的投资额均乘以一个地区系数，以便与国内的项目进行比较。

表 4.2　国内外部分等离子体气化发电厂投资资料

项目	日处理规模/t	地区	气化技术	投资成本/亿元	单位质量投资额/[万元/（d·t）]
Plasco	85	—	—	1.92	140.22
Byun 估算	100	—	—		171.06
Byun 估算	250	韩国	—		151.74
Ducharme 估算	300	—	—	6.17	127.32
Utashinai	300	日本	WPC		117.26
江安垃圾等离子气化发电	300	—	倍威	1.5	50.00
Europlasma	400	—	—	8.09	125.15
St. Lucie	600	加拿大	WPC		75.52
毕节垃圾等离子体气化发电	600	—	WPC	6.2	103.00
Alter NRG/WPC	750	—	WPC	14.33	118.30
Ducharme 估算	750	—	—	13.5	111.41
Byun 估算	750	韩国	—		117.26
St. Lucie	2700	加拿大			57.39

注：人民币与美元的汇率采用 2020 年平均汇率，根据 2021 年 2 月 28 日发布的《2020 年国民经济和社会发展统计公报》，取值为 6.8974 元。

虽然各国的价格不尽相同，数据也不够充分，但可以确定的是按日处理规模计算投资成本趋势是可行的。根据表 4.2 绘制的单位质量投资额随日处理规模的变化趋势如图 4.1 所示。从图 4.1 中可以看出，提高等离子体工厂的处理能力，可大大降低等离子体气化发电工艺的单位质量投资额，从而提高工艺的经济性。表 4.2 中大部分案例的单位质量投资额落在所作的两条拟合曲线之间的区域。等离子体处理项目处理规模为 17.9t/d，根据所示两条拟合曲线的函数方程计算出项目的单位质量投资额为 143.62 万～176.07 万元／（d·t）。此处取中间值 159.85 万元／（d·t），因此项目的投资总额为 159.85×17.9=2861.32（万元）。由于船舶等离子体项目极少，因此很难对此估算进行验证。2012 年 11 月，Pyrogenesis 公司宣布获得一份 550 万美元的 PAWDS 系统的订单（约合人民币 3793.57 万元），计划将该系统安装于美国第二艘福特级航母上。韩国一个 10t/d 处理规模的城市固体废物等离子体气化工厂总投资额为 390 万美元，约合人民币 2689.99 万元。虽然具体情况存在方方面面差异，但这两个规模接近的项目可在某种程度上说明估算的总投资额是合理的。

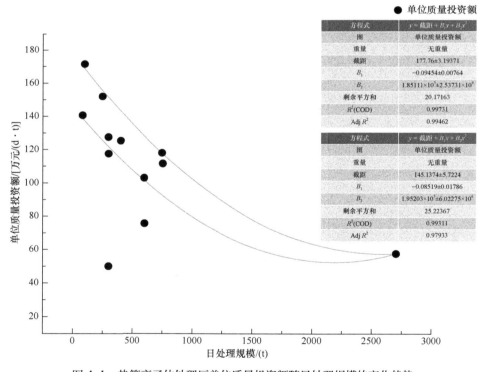

图 4.1　热等离子体处理厂单位质量投资额随日处理规模的变化趋势

船舶固体废物等离子体处理及经济性分析

根据总投资额，我们对整个固定资产的成本进行预算分配（表 4.3），以供参考。固定资产形成率参考 Dodge 在等离子体气化城市固体废物工厂的经济分析中总工程费用占资产成本的比例，但不用考虑土地购买费用，因此本书拟采用的固定资产形成率约为 69.50%。

表 4.3　固定资产成本分配

项目	成本/万元	占总投资的比例
预处理系统	147.60	5.2%
气化系统		
空压机	158.74	5.6%
等离子体反应器	114.18	4.0%
等离子体炬	27.85	1.0%
热交换器及相关设备	13.92	0.5%
炉渣及金属处理设备	36.20	1.3%
气体净化系统		
冷却器	2.78	0.1%
工艺水处理	75.19	2.6%
脱硫器	33.42	1.2%
活性炭床	8.35	0.3%
布袋除尘器	19.49	0.7%
发电系统		
余热蒸汽发生器	38.99	1.4%
燃气轮机	687.86	24.1%
蒸汽涡轮机	72.41	2.5%
其他		
供水系统	55.70	1.9%
辅助系统	89.12	3.1%
电气系统	103.04	3.6%
仪表与控制系统	116.96	4.1%
管道	89.12	3.1%
安装费	91.90	3.2%
总计	1982.82	69.50%

4.5.2　基础项目运行成本

船舶等离子体处理系统的运行成本主要包括操作员工的工资和社保、用水费用、备品配件费用、消耗品费用等。

（1）固定成本

固定成本主要有人工成本、保险费。参考韩国一个 10t/d 处理规模的城市固体废物热等离子体气化项目的人员配置，确定需要运行人员 12 人。远洋普通船员的人工成本按年工资 10 万元、社保按 10%计算，则人工成本为 12×10×(1+10%)=132（万元/a）。保险费用按固定资产的 0.5%计算。在 4.5.1 节中已确定采用的固定资产形成率约为 69.50%。因此，计算得保险费用为 2861.32×69.50%×0.5%=9.94（万元/a）。故基础项目的固定成本为 141.94 万元。

（2）可变成本

维修、水电、配件、材料、其他消耗产品等的费用都属于可变成本。等离子体发电系统电力自给，因此无须计算电费。韩国一个 10t/d 处理规模的等离子体工厂运行了 3.5 年的成本数据表明，可变成本为 24 万美元/a（约合人民币 165.54 万元/a）。由于该项目规模与本书研究的项目相差不大，因此可近似认为项目可变成本的变化是线性的，即可变成本与垃圾处理量成正比。于是，基础项目的可变成本为 165.54×（17.9/10）=296.3（万元/a）。

在这里额外对维修费用进行估算。对于等离子体系统来说，维修费用很大程度上取决于电极的寿命。因为当前直流等离子体炬依然是主流，而其电极的腐蚀问题是一短板，使用一段时间之后则需要更换新电极。电极的寿命则主要与所处理的废物类型和所使用的工作气体有关。为了简化计算，按照固定资产的 0.8%计算本项目每年的维修费用。在本项目中固定资产主要包括建筑物、机械仪器以及与处理船舶固体废物工艺有关的其他工具和设备，其单位价值较高。故维修费用为 2861.32×69.50%×0.8%=15.91（万元/a）。

4.6

▶▶

折现率计算

在我国，国家资金风险最低，同时随着我国国债利率的市场化水平不断

船舶固体废物等离子体处理及经济性分析

提高，拟采取国债利率作为无风险收益率。至于使用哪种借贷期限的国债利率，不同的研究有不同的见解。国际上通用的是使用 3 月期国债利率，我国近 5 年 3 月期国债平均利率取值为 2.42%。但是，我国当前不适合以短期国债利率作为无风险收益率。原因之一是我国国债发行以中长期为主，短期国债因供给率偏低而不具有代表性。例如，近 5 年发行的 3 月期国债利率数据只有 258 条（2015 年 10 月 9 日至 2021 年 2 月 26 日）。学术界对于是否应该选择与项目相同期限的国债并没有定论。选择与项目建设运行期一致的 30 年期国债在 2020 年的平均收盘价作为无风险收益率，取值为 3.67%。有关 3 月期国债利率与 30 年期国债利率的原始数据见附录 1。

如果从数据的易得性及公开性考虑，市场投资组合的预期收益率 R_m 可用股票价格指数净资产收益率代替，本项目的投资期望收益率 R_i 可采用固体废物处理行业上市公司的平均净资产收益率来代替。在本书的研究中，筛选涉及经营固体废物处理业务的环保上市公司，如表 4.4 所示。另外，由于近年许多企业转型进入环保行业，因此经营固体废物处理低于 5 年的上市公司也不列入平均净资产收益率的计算之中。通过表 4.4 经营固体废物处理业务上市公司的净资产收益率，由 Excel 计算出 $\sigma_m^2=1.38$，COV $(R_m, R_i)=0.44$，所以由公式可得 $\beta = \dfrac{0.44}{1.38} = 0.32$。2020 年的 R_m 使用前 6 年的算术平均值，取值为 12.36%。

表 4.4　经营固体废物处理业务上市公司的净资产收益率　　　单位：%

证券代码	公司名	证券交易所	2014	2015	2016	2017	2018	2019
600649	城投控股	上海证券交易所	12.64	19.06	9.62	9.16	5.41	3.18
600008	首创股份	上海证券交易所	11.79	6.86	6.76	5.80	5.42	5.39
002340	格林美	深圳证券交易所	6.10	3.42	3.95	8.43	8.75	7.26
000826	启迪环境	深圳证券交易所	16.82	16.53	15.79	11.01	4.25	2.31
600323	瀚蓝环境	上海证券交易所	13.60	9.81	11.04	12.85	15.86	14.61
002672	东江环保	深圳证券交易所	10.79	12.78	17.65	13.53	10.57	10.11
002479	富春环保	深圳证券交易所	8.22	7.52	8.83	11.02	2.78	7.86
000035	中国天楹	深圳证券交易所	15.66	13.14	10.82	8.96	6.92	7.44
603588	高能环境	上海证券交易所	11.93	5.98	8.24	9.27	13.45	14.01

证券代码	公司名	证券交易所	2014	2015	2016	2017	2018	2019
603568	伟明环保	上海证券交易所	25.53	21.48	18.23	24.24	28.74	26.54
300190	维尔利	深圳证券交易所	8.38	7.88	4.08	4.27	6.33	8.44
300187	永清环保	深圳证券交易所	6.21	10.39	10.17	9.28	−10.88	3.75
300385	雪浪环境	深圳证券交易所	9.24	8.38	12.05	7.38	3.87	7.63
601200	上海环境	上海证券交易所	7.53	8	9.98	9.83	10.21	9.68
688309	恒誉环保	上海证券交易所	—	11	14.08	18.48	60.46	32.63
002616	长青集团	深圳证券交易所	5.74	6.66	8.83	4.3	7.78	13.05
601330	绿色动力	上海证券交易所	3.58	8.35	11.6	9.55	10.73	13.23
601827	三峰环境	上海证券交易所	—	11.09	10.79	13.61	13.67	13
000546	金圆股份	深圳证券交易所	13.08	15.06	15.2	13.8	10.53	12.84
300172	中电环保	深圳证券交易所	9.3	10.39	10.28	10.26	9.77	10.27
300867	圣元环保	深圳证券交易所	9.37	—	10.8	10.78	23.81	19.83
300152	科融环境	深圳证券交易所	2.92	0.27	−22.33	0.88	−50.37	1.43
平均净资产收益率			10.42	10.19	10.89	10.30	9.00	11.11
沪深300指数净资产收益率			14.49	12.95	11.38	11.97	11.73	11.66

数据来源：各上市公司年度报告，沪深300指数净资产收益率数据来自理杏仁网。

注：平均净资产收益率的计算中剔除了缺失值与负值。

至此，我们可根据公式计算出资产预期收益率 $E(R)$，各参数的取值如表4.5所示。

表4.5　资本资产定价模型各参数赋值

参数	符号	数值
无风险收益率	R_f	3.67%
市场投资组合期望收益率	R_m	12.36%
行业风险系数		0.32
资产预期收益率	$E(R)$	6.46%

船舶固体废物等离子体处理及经济性分析

4.7

項目能量回收計算

4.7.1 船舶污泥相关计算

　　船舶污泥分为两类，一是生活污水产生的污泥，二是含油污水产生的污泥。根据对以往等离子体热解气化污泥的研究发现，在进入等离子体炉之前污泥的含水率在20%～50%之间。污泥的水分可通过水煤气反应、水煤气变换反应和水蒸气重整反应促进合成气的产生。我们确定待处理船舶污泥的含水率为50%。本书拟从生活污水和含油污水这两大类污水的产生量计算出污泥的产生量，其他污水忽略不计。其中，船舶上生活污水平均产生量为285.4L/（人·d），黑水平均产生量为31.8L/（人·d），灰水平均产生量为253.6L/（人·d），部分船舶灰水是不经过处理的。假设全部灰水都得到处理，则每天生活污水的产生量为：

$$GSV = \frac{F_{sv}K}{1000} = \frac{285.4 \times 3000}{1000}\ \mathrm{m^3/d} = 856.2\ \mathrm{m^3/d} \tag{4.9}$$

　　式中　　GSV——生活污水日产生量；

　　　　　　F_{sv}——船舶生活污水平均产生量；

　　　　　　K——船上总人数。

　　按每1000m³污水产生0.8t污泥（含水率80%）计算，脱水含水率为50%的污泥量为 856.2÷1000×0.8×5÷8=0.43（t）（以下的计算所得污泥均为含水率50%的污泥）。

　　含油污水的成分较复杂，除了油脂外，还可能混有一般固体废物（如破布、金属、油漆、玻璃）和大量的化学物质。对于总吨位为7.8万的船舶来说，每天舱底污水最大产生量约为9993.5L。按照上述的污泥产率得舱底污水产生的油泥量为5t。重质燃料油提纯过程产生的油泥量则比较稳定，至少为船舶消耗重油的1%～2%（一般来说为1%～3%），超低硫燃油的污泥产量也在这一范围内。目标船舶使用船选取2%作为油泥产生百分比。主动力装置和辅助动力装置（发电机组和锅炉）是船舶上的主要动力装置。主动力装置（推进装置）是为船舶提供推进动力的各种机械设备，用于保证船舶以一定的速度运动，它在船舶的油耗中所占比例最大。辅助动力装置则用于提供其他各种类型的能量，如为船舶提供照明、输入电力和其他动力。当船舶靠岸时，一般使用岸电系统为自身供电，因此，只计算船舶在海上航行时的燃油消耗，从而估算油泥的产生量。

表 4.6　吨位为 6 万~10 万的油轮的平均能耗数据

项目	2012	2013	2014	2015	2016	2017	2018
平均主机功率/kW	52017	51843	51771	51688	51620	51107	51518
平均设计速度/节	21.9	21.9	21.9	21.8	21.8	21.8	21.8
平均航行天数	264	263	263	253	257	261	256
主机能耗/kt	17.5	16.1	15.0	15.5	15.9	16.1	16.1
辅机能耗/kt	20.2	20.2	20.2	20.3	20.4	20.3	20.3
锅炉能耗/kt	0.9	0.9	0.9	1.0	1.0	0.9	11.6

由表 4.6 估算油轮的日均耗油量约为 149.31t，日产生油泥按 2%计算约为 2.99t（假设含水率为 80%），脱水后污泥质量约为 1.87t。

综上，目标船舶每天需处理的生活污泥量为 0.43t，含油污泥量为 6.87t。生活污泥和污油、油泥等油类混合物可直接喷射入等离子体气化炉进行处理。参考 IMO 2014 年船用焚化炉标准规范，确定船舶生活污泥的热值为 3000kJ/kg，船舶含油污泥的热值为 36000kJ/kg。

4.7.2　一般船舶固体废物性质

船舶固体废物组分随船舶类型、国家、船员和乘客的变化而变化。在这些影响因素的作用下，不同船舶所产生固体废物组分的种类、所占比重差异性较大。因此，主要以我国城市固体废物组分确定一般船舶固体废物组分（船舶固体废物包含船舶污泥）。在对以往的文献的比较中发现，港口接收设施接收的餐厨垃圾的比例相对偏低，除了船舶人数的原因外，还可能是因为部分餐厨垃圾经处理后排放入海。邮轮产生的餐厨垃圾比例较高，因此采用这种方法确定固体废物的组分是比较合理的。

由于船舶固体废物的性质受各方面因素影响较大，因此精确确定一般船舶固体废物的性质是无法做到的，也是没有必要的。拟采用物理组分计算垃圾的低位热值，确定的一般船舶固体废物物理组分如表 4.7 所示，其组分可分为两大类：可燃有机物（如餐厨垃圾、纸类、塑料等）和不可燃无机物（玻璃、陶瓷、金属等）。这两大类组分按照我国城市固体废物的平均组分确定（湿基，可燃组分占 81.64%，不可燃组分占 18.36%），平均含水率为 48.12%，湿基平均低位热值为 5337kJ/kg。由于含水率较高，我国固体废物热值水平远低于亚洲其他国家。由于本书研究的对象为大型远洋航行船舶，船舶上空间及存放时间有限，因此本书不考虑固体废物的回收利用。一般船舶固体废物按 3.5kg/（人·d）计算（船舶上人数为 3000 人），则日产生量为 10.5t/d，但是船舶固体废物经过组分比例分配后，总会有一些误差，本书采用 10.6t/d 这一数值。

固体废物的低位热值为高位热值和水分凝结热之差，它考虑了烟气中水蒸气的凝结而带走的一部分显热的热损失。由湿基物理组分估算固体废物的低位热值 LHV 使用了 Lin 等的实证预测模型，由式计算得到：

$$LHV = (22.1P_{pa} + 28.1P_{pl} + 24.6P_{te} + 12.7P_{wo} + 6.0P_{fo} + 57.4P_{ru} + 17.2P_{mi}) \quad (4.10)$$

式中　　P_{pa}、P_{pl}、P_{te}、P_{wo}、P_{fo}、P_{ru} 与 P_{mi}——纸类、塑料、纺织物、木料、餐厨垃圾、橡胶与其他湿基组分的百分数分子；

LHV——低位热值，kJ/kg。

使用该公式计算一般船舶固体废物的低位热值为 5448.39kJ/kg。这一数值与我国城市固体废物的平均低位热值 5337kJ/kg 比较接近。在传统的焚烧法中，为了不添加辅助燃料，实际所需要满足的固体废物热值须高于理论值 4000kJ/kg。而等离子体气化是在缺氧的还原气氛下发生吸热反应（等离子体提供外加热源），因此对垃圾具有极强的适应性。

表 4.7　船舶固体废物组分差异对比（质量分数%，湿基）

组分	类别	1	2	3	4	日产生量/t	比例/%
可燃	餐厨垃圾	35	13	6.476	55.86	5.8603	32.79
	塑料	15	19	9.919	11.15	1.17075	6.55
	纸类	13	32	5.409	8.52	0.8946	5.00
	纺织物	3	16	11.185	3.16	0.3318	1.85
	木料			21.554	2.94	0.3087	1.73
	皮革	3	3	4.72	—	—	—
	橡胶			17.83	0.84	0.0882	0.49

组分	类别	1	2	3	4	日产生量/t	比例/%
不可燃	玻璃陶瓷	17	6	6.358	6.89	0.72345	4.04
	金属	13	10	4.702	11.47	1.20435	6.73
船舶上特有	含油污泥	—	—	11.789	—	6.87	38.41
	生活污泥	—	—	—	—	0.43	2.40

注：1 代表 Haiphong 港（散货船）的固体废物组成；2 代表 Haiphong 港（集装箱船）的固体废物组成；3 代表陈昱萌所研究的船舶固体废物的组成；4 代表我国城市固体废物的组成。

4.7.3 发电量计算

对发电量计算各参数进行取值，具体取值列于表 4.8 中，则年发电量为：

$$E = (LHV_1 m_1 + LHV_2 m_2 + LHV_3 m_3)\eta_p \left[\eta_{GT} + (1 - \eta_{GT})\eta_{HR}\eta_{ST} \right](1 - r)$$
$$= 44297307.58(\text{kW} \cdot \text{h/a})$$

其中，整体煤气化联合循环发电机组的整体效率为（0.35+0.65*0.8*0.35）*0.985=52.40%，该数值刚好是比较折中的，因为 IGCC 的净能量转换效率可达 50%以上。η_p 取值参考歌志内市等离子体工厂的能量平衡数据（表 4.9），取 92%。此数值与 Ducharme 假设等离子体气化炉所产生合成气固有的能量占固体废物初始化学能的 90%（其中包含 80%的化学能和 20%的热能）相近。从另一个角度进行比较，计算系统的整体能量转换效率为 $\eta = 92\% \times 52.40\% = 48.2\%$，这与 100kW 的等离子体空气气化装置的整体能量转换效率 46.2%已经比较接近。根据年发电量估算燃气轮机和蒸汽涡轮机的总装机容量为 1.71MW。

表 4.8　发电量计算参数取值

参数	取值	参数	取值
LHV_1/（kJ/kg）	5448.39	η_p/%	92
LHV_2/（kJ/kg）	3000	η_{GT}/%	35
LHV_3/（kJ/kg）	36000	η_{HR}/%	80
m_1/（t/a）	3176.145	η_{ST}/%	35
m_2/（t/a）	129	r/%	1.5
m_3/（t/a）	2061		

表 4.9　歌志内市等离子体工厂的能量平衡数据

输入/（MJ/h）			输出/（MJ/h）			能量效率/%	η_p
电能	原料热值	其他	合成气热值	气体显热	热损失及其他		
11592	468540	0	374256	55944	50076	77.95	0.92

4.7.4　耗电量计算

耗电量简化为两个部分进行计算，分别为等离子体炬耗电量和厂用耗电量。

依据西屋等离子体公司的估计，等离子体炬只消耗气化系统总能量输入（包含垃圾化学能）的 2%～5%，依据表 4.9 计算得出电能输入占系统总能量输入的 2.4%。根据电能输入与垃圾化学能的比值，可计算出等离子体炬需要的耗电量为 2273368.90kW·h/a，约为发电量的 18.47%。这与文献记载的等离子体炬自耗电已下降至总发电量的 20% 相符（只需要将电能输入占系统总能量输入的比值取值为约 2.6%）。

焚烧发电厂的厂用耗电量约为发电量的 20%，假设项目的厂用电率与垃圾焚烧发电厂的相同（不包含等离子体炬的耗电量），则厂用耗电量为：

$$12305277.31 \times 20\% = 2461055.46 (kW \cdot h/a)$$

4.8
产品收入计算

4.8.1　发电收入

等离子体项目整体气化联合循环发电量并入船舶电网，可节省大量船舶燃油发电量。前面已经提到将本项目视为独立的法人单位，节省的燃油购买费用视为发电收入。

整体煤气化联合循环的总发电量除去项目的厂用耗电量以及等离子体炬耗电量最终得到并入船舶电网的发电量为：

$$12305277.31 - 2273368.90 - 2461055.46 = 7570852.95(\text{kW} \cdot \text{h/a})$$

船用发电机的燃油消耗率取决于发电机、燃油的种类和负荷率等因素。船舶燃油发电成本由下式计算：

$$p_{\text{energy}}(\sigma) = p_{\text{oil}} r_{\text{FC}}/1000 \tag{4.11}$$

式中　p_{energy}——船舶燃油发电成本，即视为所研究的等离子体气化发电系统的上网电价，元/（kW·h）；

　　　　p_{oil}——低硫燃油价格，元/t；

　　　　r_{FC}——燃油消耗率，kg/（kW·h）。

燃油的价格的变动通常也较大，要依据种类、时间、地区等而定。如果采用低硫燃油的价格，可以很好地满足未来的政策要求。然而，2020 年全球限硫令才公布不久，也尚未形成活跃和有效的低硫燃油价格评估。2020年 6 月，上海国际能源交易中心开始上市低硫燃油期货。2020 年 6 月到 2021年 2 月，低硫燃油月度统计中月末结算价的平均价为 2687.96 元/t，并且价格也在持续走高。同时，期货价格并不能很好地体现市场现货价格。因此，通过查询市场上各类船用燃油的价格以及阅读相关文献，本书采用 4000元/t 作为船用燃油的价格。此价格并非某类油品的价格，而是作为一个比较合适的基准，若要全面评估船用燃油的价格还需根据市场行情适时做出调整。船舶发电机参考瓦锡兰公司的四冲程柴油机，燃油消耗率普遍为0.216kg/（kW·h）。可得船舶燃油发电成本（并网电价）约为 0.864 元/（kW·h）。因此，年发电收入为 654.12 万元。

4.8.2　销售金属、炉渣等收入

根据韩国一体量类似的城市固体废物等离子体处理厂的数据，炉渣的产生率为进料的 7.8%。据文献记载，污泥等离子体处理后 1kg 污泥可产生0.38kg 炉渣。据此，我们计算出本项目的炉渣产量为：

$$3176.145 \times 7.8\% + 2190 \times 38\% = 1079.94 (\text{t/a})$$

等离子体气化副产品并没有形成成熟的买卖市场，影响其价格的因素有很多，如炉渣的质量等。以往文献中的经济分析中采用的价格也相差很大，采用的价格较低的有 75 元/t、137 元/t，而价格较高有 105 美元/t（约合人民币 724.22 万元/a）。拟采用居中的价格进行计算（137 元/t），则每年带来的收入为 14.8 万元。

为了简化计算，回收的船舶固体废物金属都视为废铁。预处理按金属含量的 65%回收计算，年回收量为 234.85t；等离子体气化熔融回收的金属只考虑一般船舶固体废物，金属回收量为一般固体废物炉渣产量的 15.6%～18.6%。按较低值计算得年回收量为 1079.94×0.156=168.47（t）。废铁价格按 1500 元/t 的市场价计算，年总收入为 25.27 万元。

与发电的收入相比，销售炉渣、金属的收入较低，因此将其作为一个整体看待。故销售炉渣、金属的总收入为 40.07 万元/a，总体单价为 320.97 元/t。

4.9

CDM 项目计算

4.9.1 CDM 额外增量成本

参与清洁生产机制活动的进程可划分为三个阶段，这与基础项目的进程可保持一致。第一阶段是规划阶段，项目的可行性评估、准备项目设计书（project design document，PDD）、各方谈判、东道国的审批、项目确认与注册等，皆是此阶段的主要任务；第二阶段是建设阶段，即 CDM 监测设备的安装与调试，视为发生在基础项目的建设期；第三阶段为运行阶段，此阶段包括持续的监测与审核、缴纳项目证实的管理费、执行合同交易中的管理费用与法律费用以及 CERs 的货币化。

CDM 进程必须遵守对信息和程序的严格规定，因此其交易成本比一般的商务活动更具有特殊性。此交易成本可能出现在 CDM 进程周期各个阶段，并且是基础项目的额外增量成本。第一、二阶段的成本是一次性的，本书称为 CDM 额外投资成本，其中部分资金由外部融资而来，因此与基础项目的投资成本构成一致，CDM 投资成本构成中也包括权益资本和年投资成本。另一部分减排增量成本为 CDM 额外执行成本，发生在 CDM 项目的运行阶段，是伴随着整个项目的生命周期而一直存在的，主要包括 CDM 活动的监测费用、核查与核证费用、适应性费用和清洁发展机制的管理费用等。理论上，小规模项目的减排增量成本较高。一般来说，各方都是力争降低交易成本，尤其是对于小规模项目。交易成本具有极大的不确定性，因此较难估算。清华大学气候变化研究院曾经对一个 CDM 项目（太仓酒精厂沼气项目，净装机容量为 4.0MW，年平均 CO_2 减排量为 26760tCO$_2$e）的交易成本进行了研究分析，得出了一次性成本为 210203 美元（2008 年以前），并预测 2008~2012 年期间为 150203 美元。可以看出，这样一个中小型的项目，其交易成本是非常高的。考虑到交易成本的可能下降，再追加一次相同幅度的一次性成本下降，估算 CDM 额外投资成本（一次性执行成本）为 88050 美元，约合人民币 60.73 万元，CDM 额外运行成本按两部分进行计算，一是东道国、联合国 CDM 执行理事会每年对产生的 CERs 各征收 2% 和 1.96% 的收益税，此为 CDM 项目额外可变成本 $c_{v,CDM}$；二是其他的固定成本（监测、核查与核证成本），此为 CDM 项目额外固定成本 $c_{f,CDM}$，约为 8.97 万元。

4.9.2　基准线排放量

CDM 项目活动的基准线是一种假设的情景，是在没有参与 CDM 项目活动时预测的温室气体排放情况。然而，不同的基准线方法测算得到的项目减排量的变化差异很大。因此，确定船舶温室气体排放总量的基线是关键步骤。通常，根据项目具体情况有三种设定基准线的途径，即：

① 现有的实际或历史排放量；

② 有经济吸引力的典型技术的排放量；

③ 过去五年在类似社会、经济、环境中，其性能在同一类别位居前 20% 的相似项目的平均排放水平。

已经批准或是正在考虑当中的 CDM 基准线和监测方法学可从《联合国气候变化框架公约》（UNFCCC）的网站 https://cdm.unfccc.int/methodologies 获取。我们发现并无关于利用等离子体技术从船舶固体废物回收能源的方法学，但有两个方法学可能适用。小规模 CDM 项目活动方法学中编号为 AMS-

Ⅲ.BJ.的方法"使用等离子技术（包括能量回收）销毁危险废物"中明确指出该方法不适用于非危险废物的处理。另一方法学为 ACM0022（"通过可选择的垃圾处理工艺避免温室气体排放"），适用于涉及气化产生合成气及合成气的利用的项目。认为目标项目为垃圾等离子体气化发电，属于气化技术的一种，满足方法学 ACM0022 的适用条件。

使用方法学 ACM0022 中的公式（4.12）与公式（4.13）计算基准线项目的排放量：

$$BE_y = \sum_t (BE_{CH_4,t,y} + BE_{WW,y} + BE_{EN,t,y} + BE_{NG,t,y})DF_{RATE,t,y} \qquad (4.12)$$

并且，

$$DF_{RATE,t,y} = \begin{cases} 1 - RATE_{compliance,t,y}, & RATE_{compliance,t,y} < 0.5 \\ 0, & RATE_{compliance,t,y} \geqslant 0.5 \end{cases} \qquad (4.13)$$

式中　　　BE_y——在第 y 年的基准线排放量（tCO_2e）；

　　　tCO_2e——吨二氧化碳当量；

　　　　　　t——选定的垃圾处理工艺类型；

$BE_{CH_4,t,y}$——第 y 年无 CDM 项目活动情况下垃圾填埋场产生的甲烷排放量（tCO_2e）；

$BE_{WW,y}$——无项目活动的情况下，第 y 年废水厌氧处理或污泥厌氧处理的甲烷基准线排放量（tCO_2e）；

$BE_{EN,t,y}$——第 y 年 CDM 项目活动所替代的能源生产基准线排放量（tCO_2e）；

$BE_{NG,t,y}$——第 y 年与天然气利用相关的基准线排放量（tCO_2e）；

$RATE_{compliance,t,y}$——第 y 年垃圾处理使用 t 工艺的执行率；

$DF_{RATE,t,y}$——考虑 $RATE_{compliance,t,y}$ 的折算因子；

　　　　　　t——选择废弃物的处理方案，可为单独一个方案或方案的组合，在本书中是指气化发电，因此在下文的表述中省略 t。

根据 ACM0022 基准线确定方法，我们对基准项目的选定做如下分析。对于船舶垃圾气化发电项目，项目活动的可能替代方案清单有：

① 由船舶焚烧炉进行焚烧；

② 送岸处置，由具有资质的船舶污染物接收单位进行焚烧；

③ 送岸处置,由具有资质的船舶污染物接收单位进行填埋。

鉴于船舶焚烧炉在我国并未普及,方案①不予考虑。从投资的角度分析,填埋更具有经济吸引力,因此方案③比方案②更适合作为基准线项目。确定的基准线为:船舶垃圾的处理方式为送岸填埋,不捕集垃圾填埋气,从电网获得电力。由此可见,基准线项目不包含处理有机废水产生的甲烷排放,也不包含与天然气使用相关的排放。$RATE_{\text{compliance},t,y}$ 也代表选择的废弃物处理方案对法规要求的符合率,默认所用的处理方案在运行期间完全合规,取值为 0,因此 $DF_{RATE,t,y}$ 为 1。因此,基准线项目排放量的计算公式可简化为:

$$BE_y = \sum_t (BE_{\text{CH}_4,t,y} + BE_{\text{EN},t,y}) \tag{4.14}$$

为了让基准线更准确,一般在第一个减排量计入期结束后,需要对基准线进行评估和重新计算。《马拉喀什协议》提供了两种可供选择的减排量计入期:a. 最长七年,最多可更新两次;b. 最多十年,但不能更新。选定减排量计入期为 7 年并更新两次作为基本情形,减排量计入期总共 21 年(2021~2041)。一般需要制订动态基准线使修订工作更精确,本书不更新基准线及相关计算。

(1) 无 CDM 项目活动情况下垃圾填埋场产生的甲烷排放量($BE_{\text{CH}_4,y}$)

$$BE_{\text{CH}_4,t,y} = \varphi_y (1 - f_y) GWP_{\text{CH}_4} (1 - OX) \times \frac{16}{12} FDOC_{f,y}$$
$$MCF_y \times \sum_{x=1}^{y} \sum_{j=1}^{n} \left[W_{j,x} DOC_j e^{-k_j(y-x)} \left(1 - e^{k_j}\right) \right] \tag{4.15}$$

式中 φ_y ——模型不确定因素修正因子;

f_y ——第 y 年填埋场中采用捕集后燃烧或其他方式防止排放到大气的甲烷分数;

GWP_{CH_4} ——甲烷的全球增温潜力(tCO$_2$e/tCH$_4$);

OX ——氧化因子;

$\frac{16}{12}$ ——CH$_4$/C 分子量比率;

F ——产生的垃圾填埋气体中 CH$_4$ 的比例;

$DOC_{f,y}$ ——第 y 年填埋场在特定条件下分解的可降解有机碳的质量百分比;

MCF_y——y 年甲烷修正因子；

$W_{j,x}$——第 x 年处理的废弃物类型 j 的总量；

DOC_j——废弃物类型 j 中可降解有机碳的质量百分比；

k_j——废弃物类型 j 的衰减率；

x——废弃物处理期间的年份，从 $x=1$ 开始到 $x=y$ 为止；

y——甲烷排放的计算年份；

n——含有废弃物的所有类型。

《2006 年 IPCC 国家温室气体清单指南—2019 年修订》第 5 卷第 3 章和方法学 ACM0022 中给出以上公式中参数的推荐值，具体数据如表 4.10 和表 4.11 所列。

表 4.10　部分计算参数

参数	取值	说明
φ_y	0.75	默认值，湿基条件下
f_y	0	无泄漏
GWP_{CH_4}	21	在实施期间需要根据 COP/MOP 的决议进行更新
OX	0.1	对于覆盖且管理完善的 SWDS 而言
F	0.5	不含大量脂或油的材料
$DOC_{f,y}$	0.5	默认值
MCF_y	1.0	场所类型为厌氧管理固体废物处置场所

表 4.11　每年船舶固体废物各成分的含量、DOC 值和衰减率

组分	船舶固体废物中的比例/%	处理量/（t/a）	DOC_j（湿废弃物）/%	k_j
餐厨垃圾	32.80	1759.59	15	0.185
塑料	6.55	351.225	0	0
纸类	5.00	268.38	40	0.06
纺织物	1.85	99.54	24	0.06
木料	1.73	92.61	43	0.03
橡胶	0.49	26.46	39	0

组分	船舶固体废物中的比例/%	处理量/（t/a）	DOC_j（湿废弃物）/%	k_j
玻璃陶瓷	4.04	217.035	0	0
金属	6.73	361.305	0	0
含油污泥	38.41	2061	9	0.03
生活污泥	2.40	129	5	0.185
处理总量/t		5366.145		

（2）CDM 项目活动所替代的能源生产基准线排放量（$BE_{EN,y}$）

由于本项目产生电能，因此还需计算项目活动所替代的能源生产基准线排放量。一般来说，热电联产的基准线排放量是将发电量和供热量乘以电厂使用的燃料的 CO_2 排放因子来计算的。目标项目只生产电能并且输出到船舶电力系统中，无独立供热，因此 $BE_{EN,y}=BE_{EC,y}$。针对本项目，船舶固体废物气化发电活动替代了作为基准线参考情景的化石燃料发电（并入电网），这部分基准线排放量是，计算在相同的发电量下化石燃料发电厂的排放量。

$$BE_{EC,y} = EC_y EF_{\text{grid},CM,y}(1+TDL_{k,y}) \qquad (4.16)$$

式中　$BE_{EC,y}$——第 y 年与发电相关的基准线排放量（tCO_2e）；

EC_y——第 y 年基准项目将会被消耗的电量，指基准项目的上网电量（$MW \cdot h/a$）；

$EF_{\text{grid},CM,y}$——电网组合边际排放因子，由电量边际排放因子 $EF_{\text{grid},OM,y}$ 和容量边际排放因子 $EF_{\text{grid},BM,y}$ 加权平均得到，根据我国此类项目的操作惯例，权重 w_{OM} 和 w_{BM} 默认值为 50%；

$TDL_{k,y}$——第 y 年为 k 来源供电的平均技术传输和分配损失，基线项目默认数值为 3%。

假设船舶固体废物送岸处置的基准项目位于我国南方区域。在 4.7.3 小节与 4.7.4 小节已计算出项目的发电量为 44297.30758MW·h/a，耗电量为 4734.424366MW·h/a；两者之差为并入船舶电网的电量[39562.883214MW·h/a]，即为 EC_y。中华人民共和国生态环境部官网最新公布的 2019 年度减排项目中国区域电网基准线排放因子如表 4.12 所示。至此，利用公式（4.16）可得出参与 CDM 项目活动所替代的能源生产基准线年排放量为 20735.52tCO_2e。

表 4.12　2019 年度减排项目中国区域电网基准线排放因子

电网名称	$EF_{grid,OM,y}$/[tCO$_2$e/(MW·h)]	$EF_{grid,BM,y}$/[tCO$_2$e/(MW·h)]	$EF_{grid,CM,y}$/[tCO$_2$e/(MW·h)]
华北区域电网	0.9419	0.4819	0.7119
东北区域电网	1.0826	0.2399	0.66125
华东区域电网	0.7921	0.3870	0.58955
华中区域电网	0.8587	0.2854	0.57205
西北区域电网	0.8922	0.4407	0.66645
南方区域电网	0.8042	0.2135	0.50885

表 4.13　基准线排放量

运行年份	$BE_{CH_4,y}$/(tCO$_2$e)	$BE_{EN,y}$/(tCO$_2$e)	BE_y/(tCO$_2$e)
第 1 年	8588.67	3968.00	12556.67
第 2 年	9621.56	3968.00	13589.56
第 3 年	10833.31	3968.00	14801.31
第 4 年	12258.75	3968.00	16226.76
第 5 年	13939.71	3968.00	17907.71
第 6 年	15926.42	3968.00	19894.42
第 7 年	18279.22	3968.00	22247.22
第 8 年	18279.22	3968.00	22247.22
第 9 年	21070.63	3968.00	25038.64
第 10 年	24387.82	3968.00	28355.82

综上，无 CDM 项目活动情况下，本项目的基准线排放量为垃圾填埋场产生的甲烷基准线排放量与 CDM 项目活动所替代的能源生产基准线排放量之和，如表 4.13 所示。选择 7 年减排计入期并更新两次，不考虑动态基准线，因此只取前 7 年，并且再重复两次。

4.9.3 项目排放量

根据方法学 ACM0022，项目排放量用下式计算：

$$PE_y = PE_{\text{COMP},y} + PE_{\text{AD},y} + PE_{\text{GAS},y} + PE_{\text{RDF\_SB},y} + PE_{\text{INC},y} \tag{4.17}$$

对于本项目来说，项目排放量只包含 $PE_{\text{GAS},y}$ 一项，其余处理方案都不包括，因此，$PE_y = PE_{\text{GAS},y}$，即：

$$PE_{\text{GAS},y} = PE_{\text{COM,GAS},y} + PE_{\text{EC,GAS},y} + PE_{\text{FC,GAS},y} + PE_{\text{ww,GAS},y} \tag{4.18}$$

式中 $PE_{\text{GAS},y}$——气化项目的排放量（tCO_2e）；

　　$PE_{\text{COM,GAS},y}$——与垃圾气化相关的排放量（tCO_2e）；

　　$PE_{\text{EC,GAS},y}$——与项目耗电气化相关的排放量（tCO_2e）；

　　$PE_{\text{FC,GAS},y}$——与项目化石燃料消耗气化相关的排放量（tCO_2e）；

　　$PE_{\text{ww,GAS},y}$——与项目废水处理气化相关的排放量（tCO_2e）。

公式（4.18）的简化涉及以下几方面：

① 活动项目没有化石燃料消耗，因此 $PE_{\text{FC,GAS},y} = 0$；

② 基准项目与活动项目均不考虑废水处理的排放，故不考虑 $PE_{\text{ww,GAS},y}$ 这一项；

③ 本项目的耗电量来源于项目内的发电，因此 $PE_{\text{EC,GAS},y} = 0$。

因此公式（4.18）可简化为：

$$PE_{\text{GAS},y} = PE_{\text{COM,GAS},y} \tag{4.19}$$

基于船舶固体废物成分，使用公式（4.20）计算与垃圾气化相关的排放量（只包括 CO_2 排放量）：

$$PE_{\text{COM},CO_2,y} = EFF_{\text{COM},y} \times \frac{44}{12} \sum_j Q_{j,y} FCC_{j,y} FFC_{j,y} \tag{4.20}$$

式中 $PE_{\text{COM},CO_2,y}$——第 y 年项目中气化炉的 CO_2 排放量（tCO_2e）；

　　$EEE_{\text{COM},y}$——第 y 年气化炉的焚烧效率（比例）；

　　$\frac{44}{12}$——C 到 CO_2 的转换因子；

　　$Q_{i,y}$——第 y 年炉内固体废物组分 j 的质量（t）；

　　$FCC_{i,y}$——第 y 年固体废物组分 j 的总碳含量（t C/t）；

$FFC_{i,y}$——第 y 年固体废物组分 j 的碳总含量中化石碳的比例（质量分数）。

表 4.14　计算参数取值

组分 j	固体废物比例/%	$Q_{j,y}$/t	$FCC_{j,y}$/(tC / t)	$FFC_{j,y}$ / %	$EFF_{COM,y}$	排放量/tCO₂e
餐厨垃圾	32.80	1759.59	50	0	1	0.00
塑料	6.55	351.225	85	100	1	1094.65
纸类	5.00	268.38	50	5	1	24.60
纺织物	1.85	99.54	50	50	1	91.25
木料	1.73	92.61	50	0	1	0.00
橡胶	0.49	26.46	67	20	1	13.00
玻璃陶瓷	4.04	217.035	NA	NA	1	0.00
金属	6.73	361.305	NA	NA	1	0.00
含油污泥	38.41	2061	67	33	1	1670.85
生活污泥	2.40	129	67	33	1	104.58
排放总量/tCO₂e	2998.93					

注：由于数据的缺失，含油污泥与生活污泥的属性 FCC 与 FFC 视为相同。

本项目每年处理 5366.145t 船舶固体废物，船舶固体废物的含水率约为 50%，垃圾气化相关的排放量公式中的参数见表 4.14。需要注意的是，本项目的二氧化碳排放量估算仅包括化石含碳材料氧化过程产生的二氧化碳排放量（例如，塑料的 FFC 为 100%），而含生物成因碳的材料产生的二氧化碳排放不包括在国家排放量之中（例如，餐厨垃圾和木材的 FFC 为 0）。

4.9.4　泄漏量

ACM0022 方法学中泄漏量仅与堆肥、厌氧消化产生 RDF 或生物质以及机械热处理产生 RDF 或生物质这几类处理方式有关，使用以下公式进行计算：

$$LE_y = LE_{\text{COMP},y} + LE_{\text{AD},y} + LE_{\text{RDF\_SB},y} \qquad (4.21)$$

本项目是船舶固体废物等离子体气化发电项目，该处理方式不符合上述的泄漏情景，因此，项目的泄漏量 $LE_y = 0$。

4.9.5 碳减排量的计算

项目碳减排量为基准线排放量减去项目排放量再减去泄漏量，计算公式如下：

$$ER_y = BE_y - PE_y - LE_y \qquad (4.22)$$

式中　ER_y——第 y 年项目的碳减排量（tCO₂e）；

BE_y——第 y 年基准线排放量（tCO₂e）；

PE_y——第 y 年项目排放量（tCO₂e）；

LE_y——第 y 年泄漏量（tCO₂e）。

在第一个 7 年减排量计入期内，每年的平均碳减排量为 13747.31tCO₂e，估算结果如表 4.15 所示。从这个规模上来看，本项目属于小型 CDM 项目。

表 4.15　项目碳减排量计算

运行年份	基准线排放量/tCO₂e	项目排放量/tCO₂e	泄漏量/tCO₂e	碳减排量/tCO₂e
第 1 年	12556.67	2998.93	0.00	9557.74
第 2 年	13589.56	2998.93	0.00	10590.63
第 3 年	14801.31	2998.93	0.00	11802.38
第 4 年	16226.76	2998.93	0.00	13227.82
第 5 年	17907.71	2998.93	0.00	14908.78
第 6 年	19894.42	2998.93	0.00	16895.49
第 7 年	22247.22	2998.93	0.00	19248.29
总碳减排量/tCO₂e	96231.14			
年均碳减排量/tCO₂e	13747.31			

4.9.6 碳排放交易收入

我国在 2021 年 1 月 5 日出台了《碳排放权交易管理办法（试行）》，

船舶固体废物等离子体处理及经济性分析

这标志着启动统一的碳交易市场的必要条件已经具备。在此之前，我国共有 8 个碳排放交易试点市场，然而碳交易市场并不统一，碳交易价格差异较大。假设估算的碳减排量都可以得到核证（核证减排量用 CERs 表示），因此只要碳交易价格确定，两者相乘便可以得到本项目的碳排放交易收入。

在这些试点中，广东碳市场成交量和成交额均居于首位，虽然其价格偏低但交易活跃。参考广州碳排放权交易所 2020 年碳交易行情（见附录 2）的成交数量和成交金额，获得碳交易价格约为 25.58 元/tCO$_2$e，即 p_{carbon}=25.58 元/tCO$_2$e。

表 4.16 为 4.9 章节中所计算出 CDM 项目参数的汇总。

表 4.16 CDM 项目参数汇总

参数	数值
CDM 项目额外投资成本 $I_{0,CDM}$ /万元	60.73
CDM 项目额外可变成本 $c_{v,CDM}$ /%	3.96
CDM 项目额外固定成本 $c_{f,CDM}$ /（万元/a）	8.97
基准线排放量 BE_y/（tCO$_2$e/a）	—
项目排放量 PE_y/（tCO$_2$e/a）	2998.93
年均碳减排量 ER_y/（tCO$_2$e/a）	13747.30
碳排放交易价格 $P_{carbon}(\sigma)$/（元/tCO$_2$e）	25.58
平均年碳交易收入/（万元/a）	35.16

参考文献

[1] Jain K P, Pruyn J. Investigating the prospects of using a plasma gasification plant to improve the offer price of ships recycled on large-sized 'green' yards[J]. Journal of Cleaner Production, 2018, 171: 1520-1531.

[2] Cerwin B. Alter nrg plasma gasification: The next generation of waste-to-energy solutions[M]. 2016.

[3] Pyrogenesis (tsxv: Pyr) announced a $4 million sale of its patented plasma waste to

energy system[EB/OL]. [2020-09-14] https://www.youtube.com/watch? time_continue=126&v= TgKttrCZhS4&feature=emb_logo.

[4] Byun Y, Cho M, Hwang S-M, et al. Thermal plasma gasification of municipal solid waste (MSW)[M]//Yun, Y. Gasification for Practical Applications. InTech, 2012. https:// d2oc0ihd6a5bt. cloudfront.net/wp-content/uploads/sites/837/2016/03/B4_4_WILLIS-Ken_AlterNRG.pdf.

[5] Dodge E, 2008. Plasma gasification of waste: Clean production of renewable fuels through the vaporization of garbage[D]. Ithaca: Cornell University-Johnson Graduate School of Management, 2008.

[6] 唐莹. Capm 模型构建中无风险报酬率的选择与修正——基于企业价值评估收益法[J]. 财会月刊, 2017(9): 63-65.

[7] Cai X, Wei X, Du C. Thermal plasma treatment and co-processing of sludge for utilization of energy and material[J]. Energy Fuels, 2020, 34(7): 7775-7805.

[8] Johnson L S. Cruise ship discharge assessment report[R]. 2008[2020-12-21]. https://trid.trb. org/view/894609.

[9] CE Delft. The management of ship-generated waste on-board ships[R]. 2016[2020-08-21]. https://www.cedelft.eu/en/publications/1919/the-management-of-ship-generated-waste-on-board-ships.

[10] International Maritime Organization. Reduction of ghg emissions from ships: Fourth IMO ghg study 2020-final report[R], 2020[2021-01-06]. https://www.imo.org/.

[11] Zhou H, Meng A, Long Y, et al. An overview of characteristics of municipal solid waste fuel in China: Physical, chemical composition and heating value[J]. Rerew Sustain Energy Rev, 2014, 36: 107-122.

[12] Lin C J, Chyan J M, Chen I M, et al. Swift model for a lower heating value prediction based on wet-based physical components of municipal solid waste[J]. Waste management (New York, N. Y.), 2013, 33(2): 268-276.

[13] 蒋建国. 固体废物处置与资源化[M]. 2 版. 北京: 化学工业出版社, 2013.

[14] To N T, Kato T. Solid waste generated from ships: A case study on ship-waste composition and garbage delivery attitudes At haiphong ports, Vietnam[J]. Journal of Material Cycles and Waste Management, 2017, 19(2): 988-998.

[15] 陈昱萌. 船舶固体废弃物燃烧特性与无害化研究[D]. 广州: 华南理工大学, 2015.

[16] Giuffrida A, Romano M C, Lozza G. Efficiency enhancement in igcc power plants with air-blown gasification and hot gas clean-up[J]. Energy, 2013, 53: 221-229.

[17] Willis K P, Osada S, Willerton K L. Plasma gasification: lessons learned at eco-valley wte facility[C] // Castaldi, M J; White, M; Austin, J. Proceedings of the 18th North American waste to energy conference. New York: ASME, 2010: 133-140.

[18] Ducharme C. Technical and economic analysis of plasma-assisted waste-to-energy processes[D]. New York, NY, USA: Department of Earth and Environmental Engineering, Columbia University (Dept. Earth Environl. Eng., Columbia Univ.), 2010.

[19] Rutberg P, Bratsev A N, Kuznetsov V A, et al. On efficiency of plasma gasification of wood residues[J]. Biomass Bioenergy, 2011, 35(1): 495-504.

[20] 黄耕. 等离子气化技术在固体废物处理中的应用[J]. 中国环保产业, 2010(6): 43-45.

[21] Balgaranova J. Plasma chemical gasification of sewage sludge[J]. Waste Management,

船舶固体废物等离子体处理及经济性分析

2003, 21(1): 38-41.

[22] Li J, Liu K, Yan S, et al. Application of thermal plasma technology for the treatment of solid wastes in China: An overview[J]. Waste Management, 2016, 58: 260-269.

[23] Abushgair K, Ahmad H, Karkar F. Waste to energy technologies-further look into plasma gasification implementation in Al-ekaider landfill, Jordan[J]. Journal of Applied Polyner Science, 2016, 11(6): 1415-1425.

[24] Tanigaki N, Manako K, Osada M. Co-gasification of Municipal solid waste and material recovery in a large-scale gasification and melting system[J]. Waste Management (New York, N. Y.), 2012, 32(4): 667-675.

[25] 吕学都, 刘德顺. 清洁发展机制在中国[M]. 北京: 清华大学出版社, 2005.

[26] United Nations Framework Convention on Climate Change. Ams-iii. Bj. Destruction of hazardous waste using plasma technology including energy recovery——version 1. 0[OL]. [2020-11-14]. https://cdm.unfccc.int/methodologies/DB/I02942Q1GBMSA81MGBSMSJSBXCTGKD.

[27] 生态环境部. 2019 年度减排项目中国区域电网基准线排放因子[OL]. [2021-03-02]. https://www. mee.gov.cn/ywgz/ydqhbh/wsqtkz/202012/W020201229610353340851.pdf.

[28] Gascó G, Blanco C G, Guerrero F, et al. The influence of organic matter on sewage sludge pyrolysis[J]. Journal of Analytical and Applied Pyrolysis, 2005, 74(1-2): 413-420.

[29] Kang S, Kim S, Lee J, et al. A study on applying biomass fraction for greenhouse gases emission estimation of a sewage sludge incinerator in korea: A case study[J]. Sustainability, 2017, 9(4): 557.

[30] 蔡晓伟. 船舶固体废物热等离子体处理的经济性分析研究[D]. 广州: 中山大学, 2021: 1-149.

第 **5** 章

船舶等离子体处理系统经济
模型赋值结果与分析

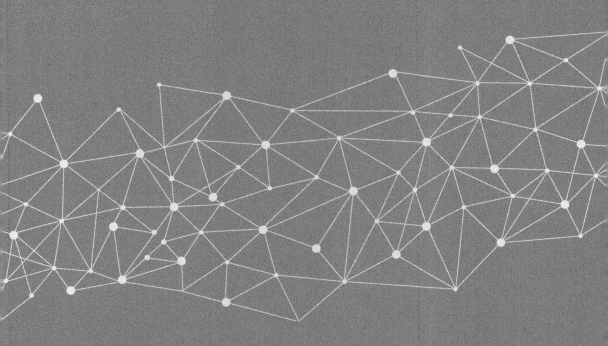

本章是在第 3 章和第 4 章建立的经济模型的基础上对经济模型各参数赋值并对计算结果做出分析。主要内容是计算出基础项目与 CDM 项目需满足的最低处理价格，同时对现金流量、项目敏感性和经济可行性进行分析。

5.1 经济模型赋值结果

实际上，第 3 章和第 4 章所建立的模型的各参数基本都是变化的，这给分析带来了很大的困难。因此在第 5 章，我们给建立模型的各参数都赋予一常数值。各参数都是在一定条件下成立的，在本书中我们分别称为基础项目情景 B1 和 CDM 项目情景 C1（在无特别说明的情况下称为基础项目和 CDM 项目）。在这种情况下，经过前两章的分析，基础项目与 CDM 项目的参数已经全部获得，其中的主要参数汇总于表 5.1。

表 5.1 基础项目与 CDM 项目主要参数汇总

参数	基础项目		CDM 项目	
	变量符号	数值	变量符号	数值
初始投资成本/万元	I_0	2859.21	$I_0 + I_{0,CDM}$	2919.95
权益资本率/%	e_r	30	e_r	30
贷款利率/%	i_{EF}	4.90	i_{EF}	4.90
摊还期/a	M	15	M	15
预期收益率/%	$E(R)$	6.46	$E(R)$	6.46
运行及维修费用/（万元/a）	$c_{O\&M}$	463.31	$c_{O\&M}$	463.31
并网电价/[元/（kW·h）]	$p_{energy}(\sigma)$	0.86	$p_{energy}(\sigma)$	0.86
并网电量/（MW·h/a）	E	7570.85	E	7570.85
垃圾处理量/（t/a）	q_w	5366.15	q_w	5366.15

参数	基础项目		CDM 项目	
	变量符号	数值	变量符号	数值
金属炉渣价格/（元/t）	$p_{metal+slag}$	412.44	$p_{metal+slag}$	412.44
CDM 额外固定成本/（万元/a）	—	—	$c_{f,CDM}$	8.97
CDM 额外可变成本/%	—	—	$c_{v,CDM}$	3.96
减排量计入期/a	—	—	—	21
年均碳减排量/（tCO₂e/a）	—	—	ER	13747.30
碳排放交易价格/（元/tCO₂e）	—	—	$P_{carbon}(\sigma)$	25.58
年均碳交易收入/（万元/a）	—	—	—	35.16

5.2

基础项目结果与分析

5.2.1 基础项目处理价格与现金流量分析

根据公式可计算出基础项目的船舶固体废物处理价格为 62.24 元/t。此价格的经济意义为基础项目处理每吨船舶固体废物需要满足的最低价格（NPV=0）。基础项目的现金流量分析如表 5.2 所示。在满足此条件的情况下，船舶固体废物处理收入为 33.40 万元/a，每年需要缴税 76.79 万元。运行期间，每年基础项目的现金流量、收入与支出的绝对值都为一常数（不包含年投资成本），其构成情况如图 5.1 所示。从图 5.1 中可以看出，运行成本是最大的支出项，占收入与支出绝对值的 36.10%（占总支出的 85.78%）。发电收入是最大的收入项，占收入与支出绝对值的 50.97%（占总收入的 88.00%）。在项目收入中，发电收入>销售金属、炉渣收入>垃圾处理收入。发电收入对于项目是否能够盈利至关重要。

表 5.2 基础项目的现金流量分析

项目	2020	2021	2022	2023	2024	2025	2026	2027
垃圾处理量/t		5366.15	5366.15	5366.15	5366.15	5366.15	5366.15	5366.15
发电收入/万元		654.12	654.12	654.12	654.12	654.12	654.12	654.12
销售金属、炉渣收入/万元		55.82	55.82	55.82	55.82	55.82	55.82	55.82
垃圾处理收入/万元		33.40	33.40	33.40	33.40	33.40	33.40	33.40
运行成本/万元		463.31	463.31	463.31	463.31	463.31	463.31	463.31
税收/万元		76.79	76.79	76.79	76.79	76.79	76.79	76.79
权益资本/万元	857.76	0	0	0	0	0	0	0
年本金摊分/万元		133.43	133.43	133.43	133.43	133.43	133.43	133.43
利息偿还/万元		98.07	91.53	84.99	78.46	71.92	65.38	58.84
$E(R)$/%	6.46%	6.46%	6.46%	6.46%	6.46%	6.46%	6.46%	6.46%
现金流量/万元		203.24	203.24	203.24	203.24	203.24	203.24	203.24
净现金流量/万元	−857.76	−28.26	−21.72	−15.18	−8.64	−2.11	4.43	10.97
累积净现金流量/万元	−857.76	−886.02	−907.74	−922.92	−931.57	−933.67	−929.24	−918.27
净现金流量折现值/万元	−857.76	−26.54	−19.16	−12.58	−6.73	−1.54	3.04	7.08
累积净现金流量折现值/万元	−857.76	−884.31	−903.47	−916.05	−922.78	−924.32	−921.28	−914.20

项目	2028	2029	2030	2031	2032	2033	2034	2035
垃圾处理量/t	5366.15	5366.15	5366.15	5366.15	5366.15	5366.15	5366.15	5366.15
发电收入/万元	654.12	654.12	654.12	654.12	654.12	654.12	654.12	654.12
销售金属、炉渣收入/万元	55.82	55.82	55.82	55.82	55.82	55.82	55.82	55.82
垃圾处理收入/万元	33.40	33.40	33.40	33.40	33.40	33.40	33.40	33.40
运行成本/万元	463.31	463.31	463.31	463.31	463.31	463.31	463.31	463.31
税收/万元	76.79	76.79	76.79	76.79	76.79	76.79	76.79	76.79
权益资本/万元	0	0	0	0	0	0	0	0
年本金摊分/万元	133.43	133.43	133.43	133.43	133.43	133.43	133.43	133.43
利息偿还/万元	52.30	45.77	39.23	32.69	26.15	19.61	13.08	6.54
$E(R)$/%	6.46%	6.46%	6.46%	6.46%	6.46%	6.46%	6.46%	6.46%
现金流量/万元	203.24	203.24	203.24	203.24	203.24	203.24	203.24	203.24
净现金流量/万元	24.05	30.58	37.12	43.66	50.20	56.74	63.28	
累积净现金流量/万元	−876.71	−846.13	−809.00	−765.34	−715.14	−658.41	−595.13	

项目	2028	2029	2030	2031	2032	2033	2034	2035
净现金流量折现值/万元	13.69	16.36	18.65	20.60	22.25	23.62	24.74	
累积净现金流量折现值/万元	−889.90	−873.54	−854.90	−834.29	−812.05	−788.43	−763.68	

项目	2036	2037	2038	2039	2040	2041	2042	2043
垃圾处理量/t	5366.15	5366.15	5366.15	5366.15	5366.15	5366.15	5366.15	5366.15
发电收入/万元	654.12	654.12	654.12	654.12	654.12	654.12	654.12	654.12
销售金属、炉渣收入/万元	55.82	55.82	55.82	55.82	55.82	55.82	55.82	55.82
垃圾处理收入/万元	33.40	33.40	33.40	33.40	33.40	33.40	33.40	33.40
运行成本/万元	463.31	463.31	463.31	463.31	463.31	463.31	463.31	463.31
税收/万元	76.79	76.79	76.79	76.79	76.79	76.79	76.79	76.79
权益资本/万元	0	0	0	0	0	0	0	0
年本金摊分/万元	0.00	0.00	0.00	0.00	0.00	0.00	0.00	0.00
利息偿还/万元	0.00	0.00	0.00	0.00	0.00	0.00	0.00	0.00
$E(R)$/%	6.46%	6.46%	6.46%	6.46%	6.46%	6.46%	6.46%	6.46%
现金流量/万元	203.24	203.24	203.24	203.24	203.24	203.24	203.24	203.24
净现金流量/万元	203.24	203.24	203.24	203.24	203.24	203.24	203.24	203.24
累积净现金流量/万元	−391.89	−188.64	14.60	217.84	421.09	624.33	827.57	1030.82
净现金流量折现值/万元	74.65	70.12	65.87	61.87	58.12	54.59	51.28	48.17
累积净现金流量折现值/万元	−689.03	−618.91	−553.04	−491.16	−433.05	−378.45	−327.17	−279.01

项目	2044	2045	2046	2047	2048	2049	2050	
垃圾处理量/t	5366.15	5366.15	5366.15	5366.15	5366.15	5366.15	5366.15	
发电收入/万元	654.12	654.12	654.12	654.12	654.12	654.12	654.12	
销售金属、炉渣收入/万元	55.82	55.82	55.82	55.82	55.82	55.82	55.82	
垃圾处理收入/万元	33.40	33.40	33.40	33.40	33.40	33.40	33.40	
运行成本/万元	463.31	463.31	463.31	463.31	463.31	463.31	463.31	
税收/万元	76.79	76.79	76.79	76.79	76.79	76.79	76.79	
权益资本/万元	0	0	0	0	0	0	0	
年本金摊分/万元	0.00	0.00	0.00	0.00	0.00	0.00	0.00	
利息偿还/万元	0.00	0.00	0.00	0.00	0.00	0.00	0.00	

船舶固体废物等离子体处理及经济性分析

项目	2044	2045	2046	2047	2048	2049	2050	
$E(R)$/%	6.46%	6.46%	6.46%	6.46%	6.46%	6.46%	6.46%	
现金流量/万元	203.24	203.24	203.24	203.24	203.24	203.24	203.24	
净现金流量/万元	203.24	203.24	203.24	203.24	203.24	203.24	203.24	
累积净现金流量/万元	1234.06	1437.30	1640.55	1843.79	2047.03	2250.28	2453.52	
净现金流量折现值/万元	45.25	42.50	39.92	37.50	35.22	33.09	31.08	
累积净现金流量折现值/万元	−233.76	−191.26	−151.34	−113.84	−78.62	−45.53	−14.45	

与现金流量相关的资金的时间变化趋势如图 5.2 所示。累积净现金流量折现值和累积净现金流量与直线 $y=0$ 的交点对应的年份分别为动态投资回收期和静态投资回收期。累积净现金流量折现值在 2050 年仍为负值，动态投资回收期大于 30 年。从表（5.2）中可以看出，净现金流量（折现值）在 2026 年之前一直为负值，之后变为正值，而累积净现金流量折现值从这一年开始不再下降而是开始上升。由于考虑了资金的时间价值，净现金流量折现值在 2020 年至 2036 年期间呈现上升趋势，而从 2037 年开始下降。从时间角度上看这意味着若现金流量为一常数，在偿还完贷款后，该项目盈利能力随着时间的推移而下降。若不考虑资金的时间价值，从表 5.2 中可以看到，

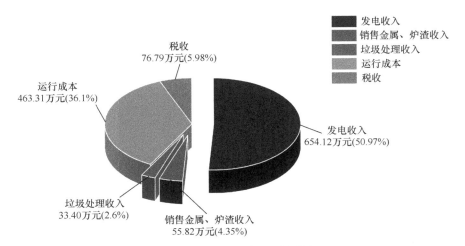

图 5.1　基础项目现金流量构成情况

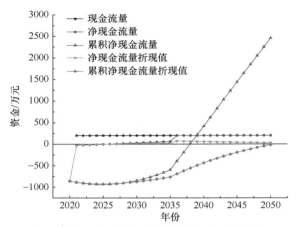

图 5.2 与现金流量相关的资金的时间变化趋势

累积净现金流量在 2038 年开始出现正值，计算得静态投资回收期为 17.08 年，小于建设运行期（30 年）。

5.2.2 基础项目敏感性分析

项目的不确定性主要体现在两个方面：一是未知因素对建设项目效果的影响；二是所收集的数据和所使用的测算方法的误差带来的评价效果的不确定。敏感性分析一般只分析对经济效益有较大影响的因素，并且这些因素可能在建设及运行期内发生变化。因此，本小节对基础项目进行敏感性分析，目的是分辨出船舶固体废物处理价格的主要影响因素以及其影响力的大小。为此，可以选择几个参数在合理的范围内变化，观察船舶固体废物处理价格的变动情况（已经确定的基础项目的参数变化率为 0）。其中，对船舶固体废物处理价格影响较大的参数叫做基础项目的敏感性因素。

表 5.3 列出了几个代表性的影响因素以及选择的对应变化率，表 5.4 可以反映这些影响因素变化导致的船舶固体废物处理价格的变化率。

表 5.3 基础项目单因素敏感性分析输入值

变化率/%	投资成本/万元	运行成本/(万元/a)	并网电价/[元/(kW·h)]	金属、炉渣价格/(元/t)	资产预期收益率/%
−20	1662.35	269.37	0.50	239.79	3.76
−15	2077.93	336.71	0.63	299.74	4.69

船舶固体废物等离子体处理及经济性分析

变化率/%	投资成本/万元	运行成本/(万元/a)	并网电价/[元/(kW·h)]	金属、炉渣价格/(元/t)	资产预期收益率/%
−10	2444.63	396.13	0.74	352.64	5.52
−5	2716.25	440.14	0.82	391.82	6.14
0	2859.21	463.31	0.86	412.44	6.46
5	3002.17	486.47	0.91	433.06	6.78
10	3145.13	509.64	0.95	453.69	7.11
15	3616.91	586.08	1.09	521.74	8.17
20	4340.29	703.30	1.31	626.09	9.81

表 5.4　基础项目单因素敏感性分析输出值

变化率/%	投资成本变化率/%	运行成本变化率/%	并网电价变化率/%	金属、炉渣价格变化率/%	资产预期收益率变化率/%
−20	−364.27	−594.95	839.98	62.99	−144.99
−15	−237.78	−388.37	548.32	41.12	−94.73
−10	−126.18	−206.09	290.96	21.82	−50.24
−5	−43.51	−71.06	100.33	7.52	−17.31
0	0.00	0.00	0.00	0.00	0.00
5	43.51	71.06	−100.33	−7.52	17.28
10	87.02	142.13	−200.66	−15.05	34.52
15	230.61	376.64	−531.76	−39.87	91.08
20	450.77	736.23	−1039.44	−77.94	176.44

　　图 5.3 显示了各输入值在相应单因素变化率下船舶固体废物处理价格的变化程度。从图 5.3 中可以看出，并网电价变化对船舶固体废物处理价格的影响最大，并网电价变化率与船舶固体废物处理价格变化率为负相关，当并网电价变化率在−20%~20%变动时，船舶固体废物处理价格的变化率为839.98%~−1039.44%。其次是运行成本，运行成本变化率与船舶固体废物处理价格变化率为正相关，在同样的变化范围内，船舶固体废物处理价格的

变化率为−594.95%～736.23%。有趣的是，改变初始投资成本对船舶固体废物处理价格的影响不及运行成本变化引起的影响，初始投资成本变化率与船舶固体废物处理价格变化率仍为正相关。当初始投资成本变化率在−20%～20%变动时，船舶固体废物处理价格的变化率为−364.27%～450.77%。综上，若要通过降低船舶固体废物处理价格提高项目的可行性，可采取降低初始投资成本、降低运行成本以及提高并网电价这三种主要方式来实现。例如，通过合理采购设备和提高等离子体气化发电技术来降低初始投资成本；通过加强生产管理降低人工（控制操作工人人数等）、维修、水电、配件、材料、其他消耗产品的成本从而降低运行成本。并网电价上升也有利于提高发电收入。从另一个角度看，如若燃油价格上升，项目保持相对较低的电价，这对于推动船舶固体废物等离子体气化发电系统的发展大有裨益。本书中项目的售卖电价是以替代燃油自发电电价为基础的，因此受燃油价格影响，项目的售卖电价应低于燃油自发电电价。但如果项目电价高于港口岸电电价，单从价格的角度来看项目售卖发电量的竞争力便很有限了。本书基础项目采用 0.86 元/（kW·h）的电价进行计算，从有关的研究来看，低硫油的发电成本可达到 1.05 元/（kW·h），与岸电电价基本相当。因此，未来在满足政策要求下，船舶等离子体气化发电可能还有进一步的盈利空间。从敏感性的变化幅度来看，相对于基础项目情景 B1，各因素的敏感性都非常大，表明在当前取值下，项目的波动较大。只有当废弃物处理价格在高位时，各因素的敏感程度才会降低。倘若废弃物处理价格过低，一旦各影

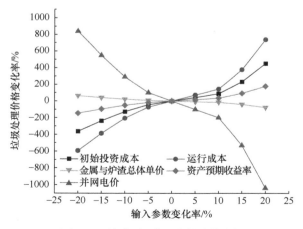

图 5.3 基础项目单因素敏感性分析

响因素波动较大，项目将很有可能面临亏损的状态。

从上面的分析可知，并网电价、运行成本对船舶固体废物处理价格的影响最大。同时，这两个因素连同垃圾处理费也是最具有操作性的，因为对于一项新技术来说减少投资成本是不太现实的。图 5.4 显示了在其他参数不变的情况下，分别只改变电价和运行成本得到的船舶固体废物处理价格。当电价为 0.907 元/（kW·h）时或者当运行成本降至 430.71 万元/a 时，船舶固体废物处理价格约为 0 元/t，此时基础项目不需要收取处理费仍可保持运转。对于本项目来说，最好是不收取垃圾处理费。这时，项目不仅可以正常运转，还能节省送岸的船舶垃圾接收处理费。

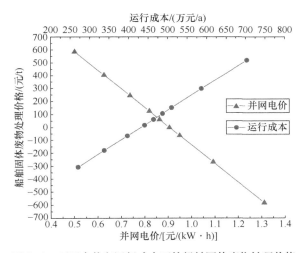

图 5.4　不同电价和运行成本下的船舶固体废物处理价格

假设这些变动的影响因素是相互独立的，在没有垃圾处理收入的情况下，我们以电价和运行成本为变量对项目的净现值进行双因素敏感性分析。通过计算得出本项目的年金现值系数（P/A，6.46%，30）为 13.1134。基础项目的投资成本为 2859.21 万元，其中权益资本为 857.76 万元，外部融资资金为 2001.45 万元，年分摊本金的现值为 1257.85 万元，由于每年偿还的利息不同，利息的现值可由每年的利息乘以对应的复利现值系数，最终得到本项目利息的现值为 564.06 万元，因此投资成本的现值为 2679.67 万元。每年发电收入为 654.12 万元[电价为 0.86 元/（kW·h），并网电量为 7570852.944kW·h]，销售金属、炉渣收入为 55.82 万元，运行成本为 463.31 万元，缴税额按照税收公式（3.16）计算。设 x、y 分别为运行成本和电价的变化率，令 NPV⩾0，得：

$$NPV（6.46\%）=-2679.67+0.75\times13.1134\times[654.12（1+y）-463.31$$
$$（1+x）]+0.659\times55.82\times13.1134\geqslant0$$

$$或 \ y\geqslant0.7083x+0.04983$$

从图 5.5 可以看出，直线 $y=0.7083x+0.04983$ 把 xy 平面分为两个区域，在没有垃圾处理收入的情况下，直线方程上方区域 NPV（6.46％）>0，代表项目是可行的；直线方程下方区域 NPV（6.46％）<0，意味着项目是不可行的。如果运行成本等因素不变，仅改变电价，当电价上涨至 4.98% 以上时，本项目将由不可行变为可行；如果电价等因素不变，运行成本降低至 −7.04% 以下，本项目将由不可行变为可行。当电价与运行成本在图 5.5 中的阴影部分变化时，即使电价提高了、运行成本降低了，项目仍为不可行。

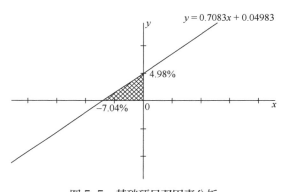

图 5.5　基础项目双因素分析

▶▶

5.3

CDM 项目结果与分析

5.3.1　CDM 项目处理价格与现金流量分析

根据公式可计算出 CDM 项目的船舶固体废物处理价格为 36.35 元/t。此价格的经济意义为 CDM 项目处理每吨船舶固体废物需要满足的最低价格（NPV=0）。CDM 项目的现金流量分析如表 5.5 所示。在满足此条件的情况下，垃圾处理收入为 19.50 万元/a，每年的碳交易收入有所不同，因此每年的缴税额有所不同，平均每年需要缴税 76.28 万元。与基础项目不一样的是，运行期间 CDM 项目每年的现金流量、收入与支出的绝对值有所差别。CDM 项目每年平均现金流量构成（不包含没有碳交易收入的年份）情况如图 5.6 所示。从图 5.6 中可以看出，运行成本与发电收入依然分别是最大的支出项和收入项，分别占收入与支出项目绝对值的 35.24%（占总支出的 84.25%）和 49.76%（占总收入的 85.55%）。在项目支出中，运行成本>年均税收>CDM 额外固定成本>CDM 额外可变成本。CDM 额外固定成本和可变成本分别只占收入与支出绝对值的 0.68% 和 0.11%，运行成本加上 CDM 额外成本为 473.67 万元，占总支出的 86.13%。在项目收入中，发电收入>销售金属、炉渣收入>碳交易收入>垃圾处理收入。碳交易收入是 CDM 项目新的收入源，但在我国现在的行情下，碳交易价格较低，年均碳交易收入只占收入与支出绝对值的 2.67%（占总收入的 4.60%）。发电收入对于 CDM 项目是否能够盈利同样至关重要。

表 5.5　CDM 项目的现金流量分析

项目	2020	2021	2022	2023	2024	2025	2026	2027
垃圾处理量/t		5366.15	5366.15	5366.15	5366.15	5366.15	5366.15	5366.15
发电收入/万元		654.12	654.12	654.12	654.12	654.12	654.12	654.12
销售金属、炉渣收入/万元		55.82	55.82	55.82	55.82	55.82	55.82	55.82
垃圾处理收入/万元		19.50	19.50	19.50	19.50	19.50	19.50	19.50
碳交易收入/万元		24.44	27.09	30.19	33.83	38.13	43.21	49.23
运行成本/万元		463.31	463.31	463.31	463.31	463.31	463.31	463.31
CDM 额外固定成本/万元		8.97	8.97	8.97	8.97	8.97	8.97	8.97
CDM 额外可变成本/万元		0.97	1.07	1.20	1.34	1.51	1.71	1.95
缴税额/万元		76.24	76.87	77.62	78.49	79.52	80.74	82.19
权益资本/万元	875.98	0	0	0	0	0	0	0
年本金摊分/万元		136.26	136.26	136.26	136.26	136.26	136.26	136.26
利息偿还/万元		100.15	93.48	86.80	80.12	73.45	66.77	60.09
$E(R)$/%	6.46	6.46	6.46	6.46	6.46	6.46	6.46	6.46
现金流量/万元		204.41	206.32	208.55	211.17	214.27	217.93	222.27
净现金流量/万元	−875.98	−32.01	−23.43	−14.52	−5.21	4.56	14.90	25.91

项目	2020	2021	2022	2023	2024	2025	2026	2027
累积净现金流量/万元	−875.98	−907.99	−931.41	−945.93	−951.14	−946.58	−931.69	−905.78
净现金流量折现值/万元	−875.98	−30.06	−20.67	−12.03	−4.06	3.33	10.23	16.72
累积净现金流量折现值/万元	−875.98	−906.05	−926.72	−938.75	−942.80	−939.47	−929.24	−912.52

项目	2028	2029	2030	2031	2032	2033	2034	2035
垃圾处理量/t	5366.15	5366.15	5366.15	5366.15	5366.15	5366.15	5366.15	5366.15
发电收入/万元	654.12	654.12	654.12	654.12	654.12	654.12	654.12	654.12
销售金属、炉渣收入/万元	55.82	55.82	55.82	55.82	55.82	55.82	55.82	55.82
垃圾处理收入/万元	19.50	19.50	19.50	19.50	19.50	19.50	19.50	19.50
碳交易收入/万元	24.44	27.09	30.19	33.83	38.13	43.21	49.23	24.44
运行成本/万元	463.31	463.31	463.31	463.31	463.31	463.31	463.31	463.31
CDM 额外固定成本/万元	8.97	8.97	8.97	8.97	8.97	8.97	8.97	8.97
CDM 额外可变成本/万元	0.97	1.07	1.20	1.34	1.51	1.71	1.95	0.97
缴税额/万元	76.24	76.87	77.62	78.49	79.52	80.74	82.19	76.24
权益资本/万元	0	0	0	0	0	0	0	0
年本金摊分/万元	136.26	136.26	136.26	136.26	136.26	136.26	136.26	136.26
利息偿还/万元	53.42	46.74	40.06	33.38	26.71	20.03	13.35	6.68
$E(R)$/%	6.46	6.46	6.46	6.46	6.46	6.46	6.46	6.46
现金流量/万元	204.41	206.32	208.55	211.17	214.27	217.93	222.27	204.41
净现金流量/万元	14.73	23.31	32.22	41.53	51.30	61.64	72.65	61.47
累积净现金流量/万元	−891.04	−867.73	−835.51	−793.98	−742.68	−681.05	−608.40	−546.93
净现金流量折现值/万元	8.93	13.27	17.23	20.86	24.20	27.32	30.24	24.04
累积净现金流量折现值/万元	−903.59	−890.32	−873.09	−852.23	−828.03	−800.71	−770.47	−746.43

项目	2036	2037	2038	2039	2040	2041	2042	2043
垃圾处理量/t	5366.15	5366.15	5366.15	5366.15	5366.15	5366.15	5366.15	5366.15
发电收入/万元	654.12	654.12	654.12	654.12	654.12	654.12	654.12	654.12
销售金属、炉渣收入/万元	55.82	55.82	55.82	55.82	55.82	55.82	55.82	55.82
垃圾处理收入/万元	19.50	19.50	19.50	19.50	19.50	19.50	19.50	19.50
碳交易收入/万元	27.09	30.19	33.83	38.13	43.21	49.23	0.00	0.00
运行成本/万元	463.31	463.31	463.31	463.31	463.31	463.31	463.31	463.31
CDM 额外固定成本/万元	8.97	8.97	8.97	8.97	8.97	8.97	8.97	8.97

船舶固体废物等离子体处理及经济性分析

项目	2036	2037	2038	2039	2040	2041	2042	2043
CDM 额外可变成本/万元	1.07	1.20	1.34	1.51	1.71	1.95	0.00	0.00
缴税额/万元	76.87	77.62	78.49	79.52	80.74	82.19	70.37	70.37
权益资本/万元	0	0	0	0	0	0	0	0
年本金摊分/万元	0.00	0.00	0.00	0.00	0.00	0.00	0.00	0.00
利息偿还/万元	0.00	0.00	0.00	0.00	0.00	0.00	0.00	0.00
$E(R)$ /%	6.46	6.46	6.46	6.46	6.46	6.46	6.46	6.46
现金流量/万元	206.32	208.55	211.17	214.27	217.93	222.27	186.81	186.81
净现金流量/万元	206.32	208.55	211.17	214.27	217.93	222.27	186.81	186.81
累积净现金流量/万元	−340.61	−132.06	79.11	293.38	511.31	733.58	920.38	1107.19
净现金流量折现值/万元	75.78	71.95	68.44	65.23	62.32	59.70	47.13	44.27
累积净现金流量折现值/万元	−670.65	−598.69	−530.25	−465.02	−402.70	−343.00	−295.87	−251.60

项目	2044	2045	2046	2047	2048	2049	2050	
垃圾处理量/t	5366.15	5366.15	5366.15	5366.15	5366.15	5366.15	5366.15	
发电收入/万元	654.12	654.12	654.12	654.12	654.12	654.12	654.12	
销售金属、炉渣收入/万元	55.82	55.82	55.82	55.82	55.82	55.82	55.82	
垃圾处理收入/万元	19.50	19.50	19.50	19.50	19.50	19.50	19.50	
碳交易收入/万元	0.00	0.00	0.00	0.00	0.00	0.00	0.00	
运行成本/万元	463.31	463.31	463.31	463.31	463.31	463.31	463.31	
CDM 额外固定成本/万元	8.97	8.97	8.97	8.97	8.97	8.97	8.97	
CDM 额外可变成本/万元	0.00	0.00	0.00	0.00	0.00	0.00	0.00	
缴税额/万元	70.37	70.37	70.37	70.37	70.37	70.37	70.37	
权益资本/万元	0	0	0	0	0	0	0	
年本金摊分/万元	0.00	0.00	0.00	0.00	0.00	0.00	0.00	
利息偿还/万元	0.00	0.00	0.00	0.00	0.00	0.00	0.00	
$E(R)$ /%	6.46	6.46	6.46	6.46	6.46	6.46	6.46	
现金流量/万元	186.81	186.81	186.81	186.81	186.81	186.81	186.81	
净现金流量/万元	186.81	186.81	186.81	186.81	186.81	186.81	186.81	
累积净现金流量/万元	1294.00	1480.80	1667.61	1854.41	2041.22	2228.03	2414.83	
净现金流量折现值/万元	41.59	39.06	36.69	34.47	32.37	30.41	28.57	
累积净现金流量折现值/万元	−210.01	−170.95	−134.26	−99.79	−67.42	−37.01	−8.44	

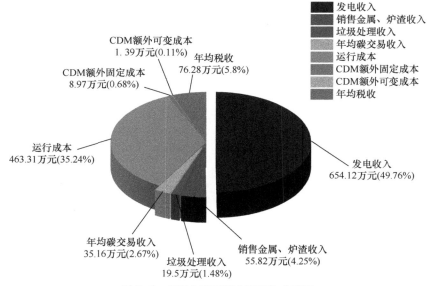

图例：
- 发电收入
- 销售金属、炉渣收入
- 垃圾处理收入
- 年均碳交易收入
- 运行成本
- CDM额外固定成本
- CDM额外可变成本
- 年均税收

CDM额外可变成本 1.39万元(0.11%)

年均税收 76.28万元(5.8%)

CDM额外固定成本 8.97万元(0.68%)

运行成本 463.31万元(35.24%)

发电收入 654.12万元(49.76%)

年均碳交易收入 35.16万元(2.67%)

垃圾处理收入 19.5万元(1.48%)

销售金属、炉渣收入 55.82万元(4.25%)

图5.6　CDM项目现金流量构成情况

CDM 项目与现金流量相关的资金的时间变化趋势与基础项目类似。当 NPV=0 时，动态投资回收期为 30 年，静态投资回收期为 17.6 年。

5.3.2　CDM 项目敏感性分析

表 5.6 列出了 CDM 项目中几个代表性的影响因素以及选择的对应变化率，比基础项目的敏感性分析多了一个碳交易价格，表 5.7 可以反映对应的船舶固体废物处理价格的变化率。

表 5.6　CDM 项目单因素敏感性分析输入值

变化率/%	投资成本/万元	运行成本/(万元/a)	并网电价/[元/(kW·h)]	金属、炉渣价格/（元/t）	资产预期收益率/%	碳交易价格/（元/tCO₂e）
−20	1697.66	269.37	0.50	239.79	3.76	14.87
−15	2122.07	336.71	0.63	299.74	4.69	18.59
−10	2496.55	396.13	0.74	352.64	5.52	21.87
−5	2773.95	440.14	0.82	391.82	6.14	24.30
0	2919.95	463.31	0.86	412.44	6.46	25.58
5	3065.94	486.47	0.9072	433.06	6.78	26.85

船舶固体废物等离子体处理及经济性分析

变化率/%	投资成本/万元	运行成本/(万元/a)	并网电价/[元/(kW·h)]	金属、炉渣价格/(元/t)	资产预期收益率/%	碳交易价格/(元/tCO₂e)
10	3211.94	509.64	0.95	453.69	7.11	29.54
15	3693.73	586.08	1.09	521.74	8.17	33.97
20	4432.48	703.30	1.31	626.09	9.81	40.76

表 5.7 CDM 项目单因素敏感性分析输出值

变化率/%	投资成本变化率/%	运行成本变化率/%	并网电价变化率/%	金属、炉渣价格变化率/%	资产预期收益率变化率/%	碳交易价格变化率/%
−20	−611.85	−1018.79	1438.38	107.86	−245.25	30.20
−15	−399.40	−665.04	938.94	70.41	−160.56	19.72
−10	−211.94	−352.90	498.25	37.36	−85.31	10.46
−5	−73.08	−121.69	171.81	12.88	−29.42	3.61
0	0.00	0.00	0.00	0.00	0.00	0.00
5	73.08	121.69	−171.81	−12.88	29.41	−3.61
10	146.17	243.38	−343.62	−25.77	58.79	−11.18
15	387.34	644.96	−910.59	−68.28	155.42	−23.68
20	757.14	1260.71	−1779.94	−133.47	301.91	−42.85

图 5.7 显示了在 CDM 项目中各输入值在相应单因素变化率下船舶固体废物处理价格的变化程度。从图 5.7 中可以看出，与基础项目一样，对船舶固体废物处理价格影响最大的前三个因素分别是并网电价、运行成本和投资成本。当并网电价在−20%～20%变动时，船舶固体废物处理价格的变化率为 1438.38%～−1779.94%。在同样的变化范围内，运行成本导致的处理价格的变化率为−1018.79%～1260.71%，投资成本导致的处理价格的变化率为−611.85%～757.14%。碳交易价格变化对最终船舶固体废物价格的影响程度是最小的，其变化范围为 30.20%～−42.85%。这与碳交易价格较低、碳交易收入在项目收入中占比低紧密相关。但是，碳交易收入是明显高于其他 CDM 的额外成本的，仍可有效降低船舶固体废物的处理价格。与基

础项目一样，除了可通过降低初始投资成本、降低运行成本以及提高并网电价提高项目可行性之外，碳交易价格上涨也是推动 CDM 项目实行的有利因素。

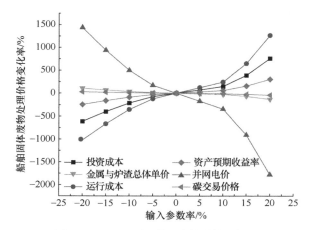

图 5.7　CDM 项目单因素敏感性分析图

在其他参数不变的情况下，我们分别选取并网电价、运行成本、碳交易价格为横坐标，可以做出对应的船舶固体废物处理价格，如图 5.8 所示。在 CDM 项目中，当并网电价[图 5.8（b）]约为 0.889 元/（kW · h）或运行成本[图 5.8（a）]为 444.27 万元/a 时，船舶固体废物处理价格可降至 0 元/t，意味着此时 CDM 项目可不收取垃圾处理费并且达到盈亏平衡。当碳交易价格[图 5.8（c）]升至约 61 元/tCO$_2$e 时，也可使船舶固体废物处理价格降到 0 元/t。对于现阶段等离子体项目来说，投资成本和运行成本居高不下，短期内大幅度降低投资成本和运行成本难度大。而 CDM 项目为此类项目提供了另一个可行的收入来源，并且在研究的取值条件下，需要满足的碳交易价格也不算高。前文提到过，我国各个碳排放交易试点市场交易价格差别较大，像北京的碳交易价格就在 40 元/tCO$_2$e 以上，过去也长期在 70～80 元/tCO$_2$e 的区间。因此，碳交易价格虽然没有其他因素对船舶固体废物处理价格的影响大，但也有极大可能性在其他因素不变的情况下增强等离子体项目的经济可行性。与基础项目情景 B1 一样，CDM 项目情景 C1 各因素的敏感性都非常大。

与基础项目一样，我们同样以并网电价和运行成本为变量对 CDM 项目的净现值进行双因素敏感性分析。通过计算得出本项目的年金现值系数

船舶固体废物等离子体处理及经济性分析

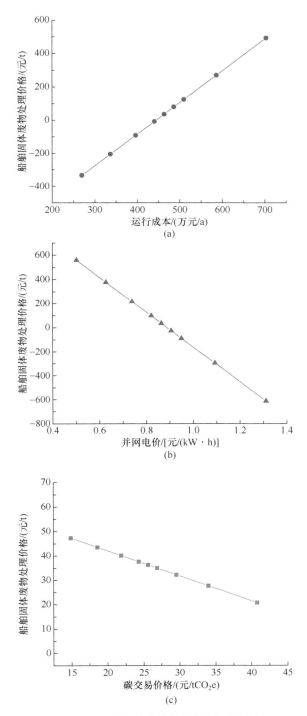

图 5.8　船舶固体废物处理价格相关参数

第 5 章　船舶等离子体处理系统经济模型赋值结果与分析

（P/A，6.46%，30）为 13.1134。CDM 项目的投资成本为 2919.95 万元，其中权益资本为 875.98 万元，外部融资资金为 2043.96 万元，年摊本金的现值为 1284.57 万元，利息的现值为 576.04 万元，因此投资成本的现值为 2736.59 万元。每年发电收入为 654.12 万元，销售金属、炉渣收入为 55.82 万元，碳交易总收入的折现值为 386.62 万元，CDM 额外固定成本折现值为 101.52 万元，CDM 额外可变成本折现值为 15.31 万元，运行成本为 463.31 万元，缴税额按照税收公式计算。设 x、y 分别为运行成本和电价的变化率，令 NPV≥0，得：

$$NPV（6.46\%）=-2736.59+0.75\times13.1134\times[654.12（1+y）$$

$$-463.31\times（1+x）]+0.75\times（386.62-15.31$$

$$-101.52）+0.659\times55.82\times13.1134\geqslant0$$

$$或 \ y\geqslant0.7083x+0.02723$$

从图 5.9 可以看出，直线 $y=0.7083x+0.02723$ 把 xy 平面分为两个区域，在没有垃圾处理收入的情况下，直线方程上方区域 NPV（6.46%）>0，代表项目是可行的；直线方程下方区域 NPV（6.46%）<0，意味着项目是不可行的。如果运行成本等因素不变，仅改变并网电价，当并网电价上涨至 2.72% 以上时，本项目将由不可行变为可行；如果电价等因素不变，运行成本降低至−3.84% 以下，本项目将由不可行变为可行。同样，当电价与运行成本在图 5.9 中的阴影部分变化时，即使电价提高了、运行成本降低了，项目仍为不可行。

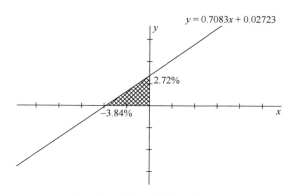

图 5.9　CDM 项目双因素分析

船舶固体废物等离子体处理及经济性分析

5.3.3　减排计入期对 CDM 项目的影响

减排计入期对 CDM 项目的碳减排量有影响。《马拉喀什协议》提供了两种可供选择的减排量计入期：a. 最长七年，最多可更新两次；b. 最多十年，但不能更新。因此，减排计入期可以是 7 年、10 年、14 年和 21 年。前文赋值的 CDM 项目情景 C1 的基准排放量是根据 21 年的时间范围确定的。从图 5.10 中可以看出，与初始情景（21 年期）相比，14 年期、10 年期和 7 年期的碳减排总量分别减少了 33.33%、40.10% 与 66.67%。相应地，14 年期、10 年期和 7 年期对应的船舶固体废物处理价格分别上升了 30.01%、33.81% 和 76.59%。可以看到 7 年期的船舶固体废物处理价格比基础项目计算得到的价格还高，因此这样的 CDM 项目甚至没有实施的必要。从经济的角度来看，没有意义去为一个 7 年期的 CDM 项目花钱而没有适当的收益。

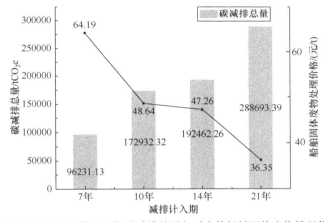

图 5.10　不同减排计入期碳减排总量与对应的船舶固体废物处理价格

5.4

▶▶

基础项目与 CDM 项目比较

5.4.1　投资成本比较

基础项目从 2020 年开工建设，建设期为一年，即 2020 年底结束；系统的运行期从 2021 年开始至 2050 年结束，共 30 年；摊还期为 15 年。初始投资成本为 2859.21 万元，对于垃圾处理产业来说，该类项目的权益资本约占总资本的 30%，即 e_T=30%。因此，基本项目的权益资本约为：I_{inv}（0）= 2859.21×30%=857.76（万元）；外部融资资金为 2001.45 万元，通过向银行贷款的方式获得，偿还本金与利息从运行期开始计算。银行贷款利率采用 2020 年中国人民银行发布的贷款利率 4.90%，则每年需要摊还的本金利息为 133.43 万元。同理，CDM 项目的初始投资成本为 2919.95 万元，其中权益资本为 875.98 万元，外部融资资金为 2043.96 万元。在摊还期内，每一年需要摊还的利息须根据上一年年末的剩余偿还金额来确定。由公式（3.15）代入数值后做出基础项目和 CDM 项目投资总额在建设期与摊还期内的资金分配与本息偿还情况，如图 5.11 所示。

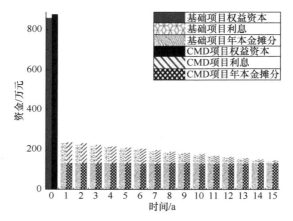

图 5.11　基础项目和 CDM 项目投资总额在建设期与摊还期内的资金分配与本息偿还

从图 5.11 中可以看出，无论是初始投资成本、权益资本，还是年摊还本金、年须偿还的利息，基础项目与 CDM 项目的差别均较小。初始投资成本之间的差值只有 60.74 万元。对于 CDM 项目来说，其额外投资成本只占总投资成本的 2.8%。对于小型 CDM 项目来说，一次性交易成本都会相当高。而 CDM 额外投资成本占比小的很大原因在于热等离子体项目的投资较高，即使本项目热等离子体系统的规模是偏小的。同时，热等离子体系统使用电力作为能源输入，能耗也相对较高。也就是说，热等离子体系统不仅投资成本高，运行成本也高，这两方面严重制约了等离子体系统的经济可行性，成为热等离子体系统发展的瓶颈。这从侧面说明，如果不能很好地对等离子

船舶固体废物等离子体处理及经济性分析

体系统中的能量以及物质加以回收，项目的运行成本将会大大影响热等离子体系统的经济可行性。

5.4.2　处理价格与收支比较

经过前面的计算，我们已得到基础项目的船舶固体废物处理价格为 62.24 元/t，而 CDM 项目的船舶固体废物处理价格为 36.35 元/t。实施 CDM 项目后，处理价格下降了 41.6%，然而初始投资成本只增加了 2.12%，运行成本只增加了约 2.24%。因此，虽然 CDM 项目的投资与运行的成本略高于基础项目，但是却大大降低了项目对垃圾处理价格的依赖程度。如果船舶垃圾的送岸处理价格为 20 元/t，本书所赋值的基础项目和 CDM 项目尚未达到最好应用情景的标准，基础项目的处理价格是送岸处理价格的 3.11 倍，而 CDM 项目的处理价格是送岸处理价格的 1.82 倍。从这个角度看，基础项目与 CDM 项目都不可行。然而，降低船舶固体废物处理价格有相当大的提升空间。例如，只要等离子体气化发电的售卖电价低于燃油发电的电价和港口岸电电价，那么发电收入就可以在满足这些条件的情况下做相应的调整；还能在碳交易价格提升到一定程度的时候，通过碳交易收入的提高来降低船舶固体废物的处理价格。从这个角度看，无论是基础项目还是 CDM 项目，都具有一定的经济可行性。此外，船舶固体废物等离子体处理在改善船舶内部环境、节省占地空间、保护环境上的积极作用都无法在经济分析中衡量，一个项目所具备的优势也是评估这个项目是否可行的重要因素。

如图 5.12 所示，基础项目的收入主要有发电收入以及销售金属、炉渣收入和垃圾处理收入，而 CDM 项目多了碳交易收入这一来源。基础项目与 CDM 项目的年总收入分别为 743.34 万元与 764.61 万元，与基础项目相比，CDM 项目的年总收入增长了 2.86%。两者的发电收入和销售金属、炉渣收入都是相同的。CDM 项目 41.6% 幅度的处理价格下降主要得益于核证减排量出售而取得的碳交易收入。在本书的条件下，前 21 年中，年均碳交易收入约为 35.16 万元，占年总收入的 4.7%。本书的基本条件约束 NPV 从而保证稳定的收入支出，因此可以看到碳交易收入可有效地压缩垃圾处理收入的需求。在基础项目中，垃圾处理收入需要满足 33.40 万元/a，占总收入的 4.49%；而在 CDM 项目中只需要满足 19.50 万元/a，占总收入的 2.55%。

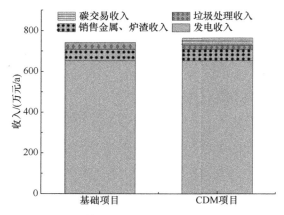

图 5.12　基础项目和 CDM 项目的收入构成

5.5

▶▶

项目风险分析

一个投资项目往往存在不同类型及程度的潜在风险并贯穿整个项目生命周期，或大或小地影响着项目收益，从而影响投资决策。陆地上的垃圾处理项目往往具有城市管理和公共服务的属性，因此其通常是以公私合营的方式运行的。与陆地上的垃圾处理项目不同，船舶固体废物处理项目的服务范围小。现阶段，在没有其他政策法规约束的情况下，船东或船舶管理公司是船舶固体废物处理的项目主体，在经营上只能是自负盈亏。根据本项目的运行模式可知企业（船东所属船舶固体废物处理子公司）、银行和用户（船东所属船舶管理子公司）是项目的三大参与方，可初步识别出的主要风险有：信用风险、金融风险、市场风险、法律与政策风险、设计与建设风险、运营与维护风险等，如图 5.13 所示。

（1）信用风险

信用风险是指当事人不能履行约定义务的风险。对于银行而言，借款人可能因各种原因不愿意或不能履行合同条件而违约。对本项目来说，违约的一方可能是企业，这时候企业已经投资了项目并贷了款，但是因为种种原因无法偿还贷款。因此，对企业来说，在项目开始之前就要对项目进行全方位的投资评估，包括资金落实、项目方案的可行性以及运营管理等的问题。

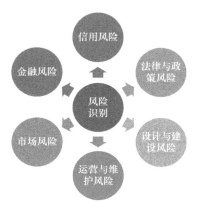

图 5.13　项目风险识别

（2）金融风险

银行贷款给企业首先要保证资金的安全性，由于热等离子体处理项目投资成本高，回报周期较长，并且尚未形成成熟的产业，因此企业的融资可能较为困难。金融部门缺乏评估新技术与CDM项目风险和机会的知识与技能，在项目初始阶段可能处于观望状态，这也会阻碍项目的融资进程。同时，项目融资中的利率风险也不可忽视。贷款利率的变动直接影响项目的年投资成本，当利率较高时会导致需偿还的利息增多，从而影响项目的净现值，增大投资成本。此外，项目的金融风险还体现在通货膨胀带来的物价上涨。通货膨胀会导致本项目运行成本增加。因此，项目决策者应与各供应商签订相关条款来规避这一风险，并且适当通过调高电价和垃圾处理费用增加项目的收入。

（3）市场风险

与陆上垃圾处理项目相比，船舶固体废物处理项目需要承受的市场风险更大。一般的垃圾处理项目往往有政府的优惠政策保障项目的正常运行，而且大部分靠政府补贴才能够盈利，因此市场风险较小。相反，船舶固体废物等离子体气化处理发电项目并没有补贴，本项目能够盈利的关键在于发电收入，因此市场化程度高。发电收入占比过高有利也有弊，当能源价格较低时，制订的电价就不能过高，不然还不如使用燃油发电来得划算，相应地，发电收入就会降低。当前形势下，全球船用燃油限硫为大势所趋，势必会增加船舶燃油发电成本，因此对船舶固体废物等离子体气化发电项目来说这是有利的市场趋势。

CDM 项目不仅存在以上市场风险隐患,而且还需要承受碳交易市场供求关系和市场均衡与价格变动所带来的风险,这些是项目所不能控制的。当面对经济的外在冲击、监管的不确定性与市场的不完善、碳交易价格过高或者过低这些市场风险的影响因素时,一般由政策制订者通过市场调节措施应对中长期持久的价格波动。

(4)法律与政策风险

项目运行期间,可能出现税收政策变更、政府管理部门相应调整和负责人变更、船舶污染物相关标准变更等带来的风险。对于这些法律与政策风险,企业一般是无法规避的。企业在实行本项目时,应该积极参与船舶固体废物等离子体处理相关政策的制订,力争将这些风险转由政府承担。

(5)设计与建设风险

项目可能会面临选择技术方案与承建方的风险,良好的技术提供商是项目稳定运行的保障。同时,也要考虑海上与陆上项目所存在的环境差异,做好优化设计,如系统在船舶上运行要考虑防颠簸、防震等。在设计和建设阶段也存在其他类型多样的风险,如开工许可、建设审批手续、配套设施、工期延误、环境影响评价、不可抗力等方面出现的风险影响工程建设项目进度。本项目可能遇到的不可抗力包括:自然灾害,如台风、洪水、地震等;政府行政命令,如督查、停工整改等;社会事件,如骚乱、罢工等。建设安装阶段的原材料价格上涨也会造成成本升高的风险。因此项目在设计与建设阶段,除了做好技术方案的论证之外,也要制订应对自然灾害与社会事件的应急措施,并且做好建设安装阶段的现场管理工作。在选择原材料时要货比三家,选择最优的方案。

(6)运营与维护风险

运营与维护风险存在于整个运行期,主要包括技术风险和运行管理风险。在财务上最突出的风险是过高的运行与维护成本,这是热等离子体技术的现状所决定的。本项目工艺控制点较多、运行时间较长,因此维持稳定运行较为困难。对我国来说,热等离子体项目的技术风险在于技术成熟度和国产化程度都严重不足。同时,在船舶固体废物等离子体气化发电项目中的几个关键的单元,如等离子体炉、合成气净化以及整体煤气化联合循环发电如果达不到工艺要求,会造成停机而影响系统的正常运行。因而在运行技术管理的时候需要定时对系统进行维修保养，必要时优化处理工艺，提升系统的自动化程度，加强对操作人员的培训。可以通过把控进料品质、辅料消耗、副产品的品质，从而提高生产管理的效率。项目发电与金属、炉渣的回收是项目的重要收入来源，若没有运行良好的控制，则会影响电力、炉渣与金属的市场竞争力。此外，生产管理者良好地计划、组织、协调、控制生产活动的综合管理水平，也有利于提升项目效率、降低运行成本。

参考文献

[1] 王拯. 江苏省港口岸电经济性分析和推广建议[J]. 科技风, 2020(13): 34.

[2] 曾广博, 吴婕, 谢明超, 等. 船舶垃圾焚烧炉及柴油动力装置余热综合利用系统[J]. 新能源进展, 2014, 2(1): 70-75.

[3] 蔡晓伟. 船舶固体废物热等离子体处理的经济性分析研究[D]. 广州: 中山大学, 2021: 1-149.

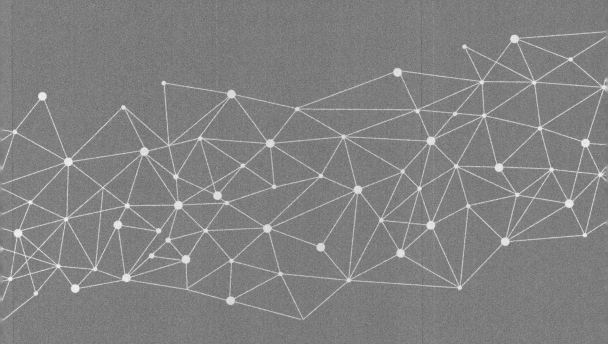

第**6**章

————

船舶等离子体
系统的设计

在对船舶固体废物等离子体气化发电进行经济分析之后，本章设计一船舶固体废物等离子体处理系统，并使用简化的系统进行实地运行，以此作为经济分析的补充，以期分析船舶固体废物等离子体处理系统可能遇到的技术问题和运行问题。前文的经济分析以初步商业化的等离子体系统为基础，本章综合考虑船舶固体废物较为严格的分类要求，旨在改进设计一套高效处理船舶固体废物的等离子体系统。

6.1

船舶固体废物等离子体处理系统设计

本节建立一种资源化、无害化和减量化处置船舶固体废物的策略与方法，从而降低船舶等离子体处理系统的技术风险，提高系统运行稳定性。

6.1.1 船舶固体废物等离子体处理工艺流程设计

从图 6.1 中可以看出，设计的等离子体气化工艺流程主要包括预处理子系统、等离子体气化与燃烧子系统和尾气净化处理子系统。由于条件所限，暂未设计合成气的发电单元，而是将粗合成气直接燃烧。

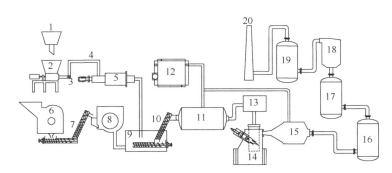

图 6.1　等离子体气化熔融炉系统

1—大物质分选机；2—制浆机；3—离心泵；4—管道；5—脱水机；6—破碎机；7, 10—输送器；8—分选机；9—中转混合仓；11—球磨机；12—空压机；13—干燥器；14—等离子体气化室；15—燃烧室；16—急冷塔；17—脱硫除尘器；18—SCR 脱硝装置；19—脱酸洗涤器；20—烟囱

（1）预处理子系统

预处理子系统秉承有差别处理的原则。高含水率固体废物（如餐厨垃圾、

生活污泥）经过大物质分选机分选后进入制浆机调配，然后输送至脱水机进行脱水，含水率降至 50%以下。其他一般固体废物进入破碎机破碎至粒径 2.5cm 以下，然后使用合适的螺旋输送器将破碎后的物料进行磁力分选，将物料中的金属分离。对于中大型船舶来说，最好的船舶固体废物处理处置策略首先是从源头上减量，其次是对固体废物进行分类回收。《2017 年 MARPOL 附则 V 实施指南》建议船舶垃圾分为 5 类，因此对船舶固体废物的分类已经有法规的要求。而最重要的是在实践中严格执行法规的要求。为了提高船舶固体废物等离子体处理系统能量回收效率以及减少其他不必要的运行风险，在进料之前进行初步分类回收是最好的管理策略。如果分类工作实施良好，高含水率固体废物处理线可不设置大物质分选装置，另一预处理线也可不设置分选装置。经过两条预处理线初步处理的物料输送至球磨机，物料进一步研磨成直径小于 $15\mu m$ 的可燃性微米级废弃物颗粒后进入风干器；后续工艺的热空气通入风干器内起到干燥作用，将物料含水率进一步降低。而油泥可以不经过预处理，直接由相应管道排入等离子体气化炉。

（2）等离子体气化与燃烧子系统

预处理得到的可燃性微米级废弃物颗粒以压缩空气为载气喷射入等离子体气化炉，在流化状态下物料具有极高的比表面积，在高能热等离子体羽流的作用下快速气化，转化为主要由一氧化碳（CO）、氢气（H_2）组成的低热值粗合成气。等离子体炬采用水冷的方式降温。随后粗合成气直接进入燃烧室燃烧，有机物彻底矿化为二氧化碳（CO_2）和水蒸气（H_2O）等无机小分子物质，无机物则转化为惰性灰尘。

（3）尾气净化处理子系统

燃烧室处理后的大部分气体污染物已经被高温分解，再经过急冷降温、脱硫除尘、脱氮、除酸等尾气净化措施后达标排放。

6.1.2 交流多相等离子体弧炬

等离子体弧通常是由直流电产生的，本书设计出一款多相等离子体弧炬（图 6.2），其使用交流电驱动。交流多相等离子体弧炬具有以下优势：a. 多电弧通道相交使得产生的等离子体区域更大，这也意味着在较低等离子体温度也可以达到较好的工作效果；b. 阴极与阳极在等离子体炬中并不是固定的，因而电极之间的腐蚀更为平均；c. 使用交流电减少了电流转换设备，可应用更简单的变压器，提高系统可靠性和扩展性；d. 在不增加质量和成本的情况下增加了电弧中的电压降；e. 交流电弧运动更加强烈，因而等离子体的对流传输更强。但不可否认的是，在工程实践中，直流等离子体具有闪变小、噪声小、运行稳定、易于控制等优点。因此，直流等离子体是现在商用等离子体系统中应用的主流（有非转移弧和转移弧两种类型）。相反，由于投资大、运行成本高、稳定性差、控制难度大、耗电量大等原因，交流等离子体的产业化受到很大限制。

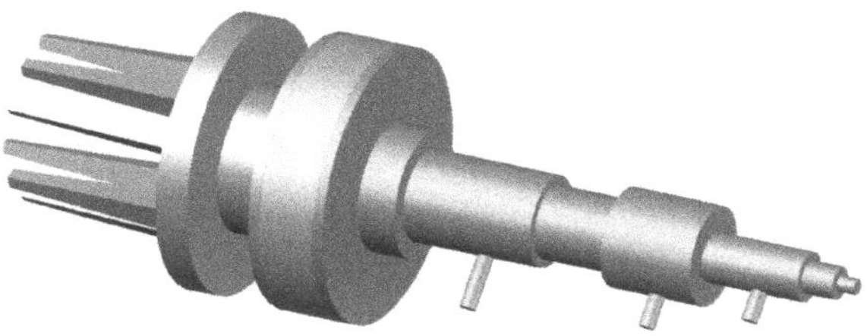

图 6.2 多相等离子体弧炬（三维）

6.2 小型船舶等离子体系统现场调试与运行

设计的等离子体系统装置经过调试后，已能正常工作，现场实拍图如图 6.3 所示。由于时间所限，示范装置只包括等离子体气化炉、燃烧室以及

图 6.3 等离子体弧示范装置（实拍）

尾气净化系统。物料直接在实验室制备，根据一般船舶有机固体废物组分，将物料粉碎成直径小于 15μm 的可燃性微米级废弃物颗粒。

6.2.1 等离子体弧炬单体调试

采用的交流多相等离子体弧炬的 6 个铜电极以 60°圆角对称排列，当工作时，等离子体气喷射入电极周围形成 6 个等离子体通道。等离子体气使用空气，载气量为 20～100L/min。等离子体炬水冷管的作用是为等离子体炬降温，利用水泵不断通入循环冷却水，保证炬处于正常的工作环境，工作流量约为 35kg/min，工作压力为 0.2MPa。等离子体电源控制系统输入电压为 380V，容量为 35kW，等离子炬功率范围为 15～35kW，工作功率为 20kW 左右。

6.2.2 物料制备与系统运行

试验采用模拟的一般船舶有机固体废物，按 50%（质量比，下同）餐厨垃圾（蒸熟米饭）+15%纸张+20%纸板+5%破布+10%塑料配置。在粉碎之前，先进行预烘干，本次试验粉碎的样品粒径未进行严格控制。进料方式采用间歇批次处理。

系统的运行步骤如下：

① 电源启动前，检查各设备及仪表仪器是否正常，检查电气连接是否完好，检查好地线连接，确保各项准备工作无纰漏。

② 打开等离子体气阀门，启动炉体和等离子体炬冷却水，启动电源起弧加热。试验时，使用空气作为载气，通过视窗观察电弧稳定后，从进料口输送粉碎后的物料。

③ 关闭电弧后，循环冷却水继续工作一段时间，待炉体与等离子体炬降温后再停止循环。

6.2.3 测试结果

由于时间所限，现场运行只对合成气组分和尾气进行测试分析。

6.2.3.1　粗合成气组分

本节对等离子体气化炉出口的粗合成气组分进行测量分析，各种组分的体积分数如图 6.4 所示。从图 6.4 中可以看出，其主要组分为 CO、H_2 与 N_2。可燃气体（$CO+H_2$）的体积分数达到约 44.08%，其中 CO 的体积分数为 26.93%，H_2 的体积分数为 17.15%，H_2/CO（体积比）约为 0.64。合成气的生成主要来自有机物的等离子体气化反应，其中主要反应包括：

碳局部氧化：

$$C+\frac{1}{2}O_2 \longrightarrow CO$$

水煤气反应：

$$C+H_2O \rightleftharpoons CO+H_2$$

碳溶损反应：

$$C+CO_2 \rightleftharpoons 2CO$$

水气变换反应：

$$CO+H_2O \rightleftharpoons CO_2+H_2$$

这次试验以空气为气化剂，因此 CO 含量较高。气化剂中加入水蒸气或者原料中水分能够带入气化炉中，将有利于水煤气反应和水气变换反应的进行，

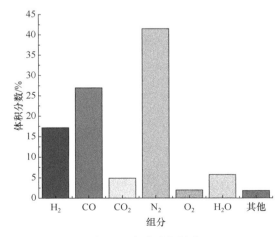

图 6.4　粗合成气组分

可有效促进 H_2 的生成和抑制 CO 的生成。除合成气之外，含量最多的为 N_2，其体积分数为 41.52%。其余组分中，CO_2、H_2O 与其他成分的体积分数为分别为 4.89%、5.71% 与 1.84%。氮气主要来自空气气化剂。若不考虑氮气，$CO+H_2$ 的体积分数为 75.38%。

6.2.3.2 排放烟气测试结果

等离子体气化产生的粗合成气经过燃烧及尾气处理后排放的烟气污染物浓度见表 6.1，在一个小时内共取样 6 次，取其均值。测定排放烟气污染物的目的主要是确定等离子体气化与燃烧后是否有二噁英类污染物产生。由于没有等离子体处理生活垃圾的相关烟气排放标准，因此在这里将排放烟气浓度与《生活垃圾焚烧污染控制标准》（GB 18485—2014）中规定的限值做比较。从表 6.1 中可以看出，等离子体气化燃烧的环境效益是很明显的，在所检污染物项目中，颗粒物的浓度为 $10.21mg/m^3$，氮氧化物的浓度为 $125.45mg/m^3$，氯化氢的浓度为 $1.06mg/m^3$，其他污染物项目均未检出。被检项目远低于我国生活垃圾焚烧炉排放烟气中的污染物限值。

表 6.1 排放烟气污染物浓度

污染物项目	等离子体气化与燃烧	国家限值
颗粒物/（mg/m^3）	10.21	30
氮氧化物/（mg/m^3）	125.45	300
二氧化硫/（mg/m^3）	未检出	100
氯化氢/（mg/m^3）	1.06	60
二噁英类/（ng TEQ/m^3）	未检出	0.1
一氧化碳/（mg/m^3）	未检出	100
汞及其化合物/（mg/m^3）	未检出	0.05
镉、铊及其化合物/（mg/m^3）	未检出	0.1
锑、砷、铅、铬、钴、铜、锰、镍及其化合物/（mg/m^3）	未检出	1.0

船舶等离子体处理系统的运行及改进建议

基于本书等离子体气化装置的现场运行效果，我们总结了以下运行经验。

① 重视等离子体处理系统与前端分类技术的结合，有利于进一步减小等离子体处理系统的占地面积，也可以大大降低运行风险。将船舶固体废物转化为类似 RDF 的组分并提高进料的比表面积，有利于避免反应不完全的问题。

② 粗合成气燃烧后的主要污染物为氮氧化物与颗粒物，虽然均低于国家排放限值，但在未处理之前污染物浓度可能更高。另外，虽然未对粗合成气中的焦油进行分析，但从以往的研究来看，焦油含量还不能满足发电的要求。因此若要资源化利用粗合成气，还需要采用相应的净化措施。

③ 由于等离子体系统位于船舶上这一特殊空间，还需要做好防颠簸、防震等设计工作，从而保证系统能够正常运行。

为了提高船舶上处理固体废物的稳定性，本章设计了一船舶固体废物等离子体处理系统，主要针对等离子体系统可能遇到的问题给出了优化设计。

① 预处理将船舶固体废物分选，剩下可燃组分转化成高比表面积的高效燃料，从而有利于进一步的等离子体气化，有利于减小等离子体炉的体积。

② 高比表面积的粉碎物料经过热风风干，可以减少入炉原料的不可燃成分，提高热值，从而降低等离子体气化的电耗，提高合成气的质量。

③ 由于严格控制原料中的无机物，燃烧后少量颗粒直接通过洗涤去除，无炉渣产物生成。系统中冷却气的回用以及球磨机的使用，使物料含水率大大降低。

参考文献

[1] 杜长明, 蔡晓伟, 余振棠, 等. 热等离子体处理危险废物近零排放技术[J]. 高电压技术, 2019, 45(9): 2999-3012.

[2] 中华人民共和国. 生活垃圾焚烧污染控制标准[S]. 北京: 中国环境科学出版社, 2014.

[3] 蔡晓伟. 船舶固体废物热等离子体处理的经济性分析研究[D]. 广州: 中山大学, 2021: 1-149.

第 **7** 章

结论与展望

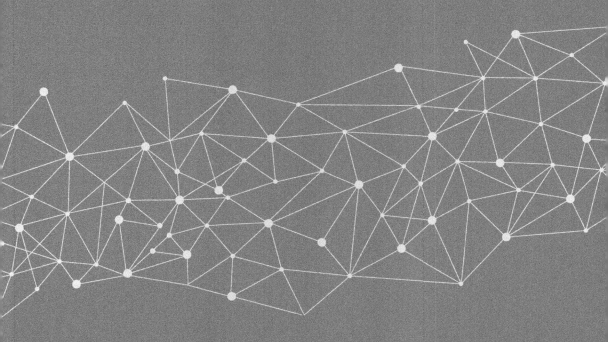

7.1

结语

利用净现值法，首次建立中大型船舶固体废物等离子体气化发电项目的处理价格经济模型（基础项目处理价格经济模型），与此同时在经济分析中引入了清洁发展机制（CDM）下的减排情境，建立相应 CDM 项目处理价格经济模型。构建两者的经济模型后，本书结合中大型船舶固体废物的性质、固废行业的经济数据、国内外城市固体废物等离子体处理厂的建设投资运行情况、CDM 项目的交易成本估算及碳减量的计算方法，对经济模型中各参数进行赋值，从而构建了包括基础项目和 CDM 项目的两个特定经济应用情景。当项目净现值处于临界值（NPV=0）时收支平衡，可得到船舶固体废物最低处理价格，由此对两个项目进行经济可行性分析，重要决策指标为处理费，依据更加直观。最后，我们设计了一套船舶固体废物等离子体处理系统，利用简化系统进行现场测试并分析了粗合成气的组分以及排放烟气污染物，最后提出了一些关于船舶固体废物等离子体处理系统的建议。

本书的主要结论如下：

① 本书使用净现值法构建了基础项目与 CDM 项目的船舶固体废物的处理价格模型，经济价格模型主要应用于中大型载客船舶，以 2020 年为基准年，建设期为 1 年，运行期为 29 年，外部融资偿还期为 15 年。通过将投资成本和现金流量折现到基准年，以及利用 NPV=0 的约束条件，获得船舶固体废物处理需要满足的最低处理价格。

② 基础项目的投资成本与运行成本分别估算为 2859.21 万元/a 与 463.31 万元/a，预计每年有 654.12 万元的发电收入、55.82 万元的炉渣与金属售卖收入，处理价格为 62.24 元/t；CDM 项目的经济参数与基础项目一致，除了增加额外投资成本 60.73 万元/a、额外固定成本 8.97 万元/a 以及额外可变成本（年均为 1.39 万元），年均碳交易收入为 35.16 万元，处理价格为 36.35 元/t，相比基础项目价格下降了 41.6%。表明参与 CDM 活动在一定程度上降低了收取垃圾处理费的需要。

③ 从敏感性分析可知，并网电价与运行成本分别是废弃物处理价格变化的第一、二位影响因素。在基础项目中，当电价为 0.907 元/（kW·h）时

或者当运行成本降至 430.71 万元/a 时，废弃物处理价格接近 0 元/t；对于 CDM 项目，当电价为 0.889 元/（kW·h）或运行成本为 444.27 万元/a 时，废弃物处理价格接近为 0 元/t。碳交易收入的影响程度最小，当碳交易价格升至约 61 元/tCO₂e 时，也可使船舶固体废物价格降到 0 元/t。因此，控制运行成本、调高电价是最有效的降低废弃物处理价格的方法。但在当前取值条件下，各因素的敏感程度都过高，降低废弃物处理价格又可能导致项目盈利不稳定。

④ 设计了一个交流多相等离子体处理船舶固体废物系统，建造了一套小型示范装置并成功运行，旨在把船舶固体废物转化为具有高比表面积的可燃物。测试结果表明，粗合成气中可燃气体体积分数达 44.08%（其余大部分为氮气），排放烟气中检测出了颗粒物、氮氧化物与氯化氢，其他均未检出，各污染物浓度远低于国家标准限值。

7.2 ▶▶

展望

等离子体技术尚未成为主流的热处理技术，在船舶上使用等离子体系统销毁固体废物的研究少之又少，但是其发展潜力巨大。本书的不足之处以及未来可完善的工作在于：

① 为了更准确预测船舶等离子体气化发电系统的技术参数，在没有实践资料的情况下，有必要进行技术经济分析，可使用 Aspen Plus 软件模拟整个过程预测系统的能量流与物质流，从而输出经济分析所需的基础数据。

② 应进一步完善船舶固体废物处理价格经济模型，同时更精确地对项目进行赋值，从而减小项目的敏感度。

③ 应进一步进行工程造价分析，细化到设备造型、设备单价，以更准确估算项目的投资成本；收集更充分的资料，以更准确估算项目的运行成本。

④ CDM 项目的交易成本、基准线选定可能需要更严格的论证。

⑤ 下一步工作可将经济效益与环境效益结合起来，以便从更多维度对项目进行投资决策。

附录 1

3 月期国债利率与 30 年期国债利率

我国 2015～2021 年发行的 3 月期国债利率　（数据来源：中国货币网　www.chinamoney.com.cn）

发行日期	3 个月期国债发行利率	发行日期	3 个月期国债发行利率	发行日期	3 个月期国债发行利率	发行日期	3 个月期国债发行利率
2015-10-09	2.29	2016-02-26	1.99	2016-07-01	2.20	2016-11-15	2.02
2015-10-16	2.31	2016-03-04	1.94	2016-07-08	2.16	2016-11-18	2.10
2015-10-23	2.35	2016-03-11	1.94	2016-07-15	2.16	2016-11-25	2.11
2015-10-30	2.33	2016-03-18	1.88	2016-07-22	2.14	2016-12-02	2.36
2015-11-06	2.37	2016-03-25	1.89	2016-07-29	2.10	2016-12-09	2.40
2015-11-13	2.43	2016-04-01	1.97	2016-08-05	2.06	2016-12-16	2.90
2015-11-20	2.51	2016-04-08	2.05	2016-08-12	2.01	2016-12-23	2.79
2015-11-27	2.54	2016-04-15	2.07	2016-08-19	1.99	2016-12-30	2.65
2015-12-04	2.52	2016-04-22	2.15	2016-08-26	1.98	2017-01-06	2.57
2015-12-11	2.36	2016-04-29	2.18	2016-09-02	1.97	2017-01-13	2.51
2015-12-18	2.34	2016-05-06	2.18	2016-09-09	1.99	2017-01-20	2.52
2015-12-25	2.28	2016-05-13	2.19	2016-09-23	1.98	2017-02-03	2.59
2016-01-08	2.26	2016-05-20	2.17	2016-10-14	1.94	2017-02-10	2.59
2016-01-15	2.17	2016-05-27	2.14	2016-10-21	1.97	2017-02-17	2.56
2016-01-22	2.19	2016-06-03	2.19	2016-10-28	2.01	2017-02-24	2.53
2016-01-29	2.10	2016-06-17	2.18	2016-11-04	1.98	2017-03-03	2.59
2016-02-19	2.05	2016-06-24	2.18	2016-11-11	2.07	2017-03-10	2.64

发行日期	3个月期国债发行利率	发行日期	3个月期国债发行利率	发行日期	3个月期国债发行利率	发行日期	3个月期国债发行利率
2017-03-17	2.74	2017-09-08	2.97	2018-03-09	3.07	2018-09-14	2.12
2017-03-24	2.87	2017-09-15	3.05	2018-03-16	3.04	2018-09-21	2.07
2017-03-31	2.88	2017-09-22	3.09	2018-03-23	2.91	2018-10-12	1.93
2017-04-07	2.88	2017-10-13	3.24	2018-03-30	2.92	2018-10-19	2.17
2017-04-14	2.85	2017-10-20	3.32	2018-04-13	2.61	2018-10-26	2.22
2017-04-21	2.88	2017-10-27	3.46	2018-04-20	2.62	2018-11-02	2.32
2017-04-28	2.94	2017-11-03	3.51	2018-04-27	2.69	2018-11-09	2.25
2017-05-05	3.04	2017-11-10	3.58	2018-05-04	2.63	2018-11-16	2.22
2017-05-09	3.04	2017-11-17	3.76	2018-05-11	2.67	2018-11-23	2.24
2017-05-12	3.14	2017-11-24	3.85	2018-05-18	2.74	2018-11-30	2.34
2017-05-19	3.18	2017-12-01	3.93	2018-05-25	2.80	2018-12-07	2.37
2017-05-26	3.27	2017-12-08	3.97	2018-06-01	2.92	2018-12-14	2.55
2017-06-02	3.38	2017-12-12	3.97	2018-06-08	2.90	2018-12-21	2.71
2017-06-09	3.49	2017-12-15	3.93	2018-06-15	2.92	2018-12-28	2.60
2017-06-16	3.53	2017-12-22	3.90	2018-06-22	3.04	2019-01-04	2.31
2017-06-23	3.38	2017-12-27	3.90	2018-06-29	3.12	2019-01-11	2.24
2017-06-30	3.33	2017-12-29	3.76	2018-07-06	2.42	2019-01-18	2.21
2017-07-07	3.20	2018-01-05	3.30	2018-07-13	2.49	2019-01-25	2.23
2017-07-14	3.16	2018-01-09	3.30	2018-07-20	2.39	2019-02-15	2.01
2017-07-21	3.02	2018-01-12	3.31	2018-07-27	2.26	2019-02-22	2.00
2017-07-28	3.00	2018-01-19	3.34	2018-08-03	2.12	2019-03-01	1.97
2017-08-04	2.92	2018-01-26	3.28	2018-08-10	1.97	2019-03-08	1.89
2017-08-11	2.81	2018-02-02	3.18	2018-08-17	2.09	2019-03-15	2.06
2017-08-18	2.81	2018-02-09	3.16	2018-08-24	2.13	2019-03-22	2.05
2017-08-25	2.90	2018-02-23	3.13	2018-08-31	2.12	2019-03-29	2.06
2017-09-01	2.99	2018-03-02	3.12	2018-09-07	2.13	2019-04-12	2.11

发行日期	3个月期国债发行利率	发行日期	3个月期国债发行利率	发行日期	3个月期国债发行利率	发行日期	3个月期国债发行利率
2019-04-19	2.15	2019-10-18	2.24	2020-04-03	1.15	2020-09-18	2.28
2019-04-26	2.17	2019-10-25	2.38	2020-04-10	0.95	2020-09-25	2.18
2019-05-10	2.23	2019-11-01	2.47	2020-04-17	0.87	2020-10-09	2.38
2019-05-17	2.23	2019-11-08	2.45	2020-04-24	0.77	2020-10-16	2.57
2019-05-24	2.24	2019-11-15	2.46	2020-05-08	0.87	2020-10-23	2.56
2019-05-31	2.32	2019-11-22	2.37	2020-05-15	0.94	2020-10-30	2.63
2019-06-14	2.34	2019-11-29	2.36	2020-05-22	1.07	2020-11-13	2.76
2019-06-21	2.17	2019-12-06	2.37	2020-05-29	1.39	2020-11-20	2.92
2019-06-28	2.07	2019-12-13	2.32	2020-06-05	1.78	2020-11-27	2.92
2019-07-05	1.96	2019-12-20	2.31	2020-06-12	1.83	2020-12-04	2.82
2019-07-12	2.00	2019-12-27	1.98	2020-06-19	1.81	2020-12-11	2.69
2019-07-19	2.13	2020-01-03	1.89	2020-07-03	1.65	2020-12-18	2.55
2019-07-26	2.18	2020-01-10	1.86	2020-07-10	1.91	2020-12-25	2.42
2019-08-02	2.27	2020-01-17	1.97	2020-07-17	1.96	2021-01-08	1.86
2019-08-09	2.29	2020-02-07	1.57	2020-07-24	1.90	2021-01-15	1.77
2019-08-16	2.29	2020-02-14	1.52	2020-07-31	1.94	2021-01-22	1.93
2019-08-23	2.36	2020-02-21	1.66	2020-08-07	2.07	2021-01-29	2.67
2019-08-30	2.39	2020-02-28	1.61	2020-08-14	2.08	2021-02-05	2.38
2019-09-06	2.34	2020-03-06	1.62	2020-08-21	2.15	2021-02-19	1.96
2019-09-20	2.22	2020-03-13	1.59	2020-08-28	2.18	2021-02-26	1.90
2019-09-27	2.14	2020-03-20	1.45	2020-09-04	2.31		
2019-10-11	2.19	2020-03-27	1.22	2020-09-11	2.29		

日期	收盘	开盘	日期	收盘	开盘	日期	收盘	开盘
2021 年 3 月 12 日	3.785	3.793	2021 年 2 月 3 日	3.778	3.768	2020 年 12 月 31 日	3.773	3.764
2021 年 3 月 11 日	3.782	3.793	2021 年 2 月 2 日	3.762	3.774	2020 年 12 月 30 日	3.788	3.785
2021 年 3 月 10 日	3.782	3.792	2021 年 2 月 1 日	3.761	3.808	2020 年 12 月 29 日	3.801	3.785
2021 年 3 月 9 日	3.78	3.815	2021 年 1 月 29 日	3.798	3.771	2020 年 12 月 28 日	3.804	3.823
2021 年 3 月 8 日	3.806	3.89	2021 年 1 月 28 日	3.791	3.774	2020 年 12 月 25 日	3.836	3.838
2021 年 3 月 5 日	3.879	3.9	2021 年 1 月 27 日	3.762	3.763	2020 年 12 月 24 日	3.819	3.821
2021 年 3 月 4 日	3.805	3.85	2021 年 1 月 26 日	3.761	3.761	2020 年 12 月 23 日	3.81	3.821
2021 年 3 月 3 日	3.8	3.827	2021 年 1 月 25 日	3.754	3.783	2020 年 12 月 22 日	3.838	3.85
2021 年 3 月 2 日	3.796	3.845	2021 年 1 月 22 日	3.75	3.76	2020 年 12 月 21 日	3.852	3.928
2021 年 3 月 1 日	3.826	3.92	2021 年 1 月 21 日	3.764	3.78	2020 年 12 月 18 日	3.853	3.867
2021 年 2 月 26 日	3.826	3.87	2021 年 1 月 20 日	3.775	3.781	2020 年 12 月 17 日	3.854	3.869
2021 年 2 月 25 日	3.842	3.83	2021 年 1 月 19 日	3.767	3.788	2020 年 12 月 16 日	3.869	3.867
2021 年 2 月 24 日	3.823	3.84	2021 年 1 月 18 日	3.777	3.808	2020 年 12 月 15 日	3.867	3.872
2021 年 2 月 23 日	3.815	3.85	2021 年 1 月 15 日	3.761	3.764	2020 年 12 月 14 日	3.865	3.943
2021 年 2 月 22 日	3.817	3.85	2021 年 1 月 14 日	3.757	3.774	2020 年 12 月 11 日	3.856	3.925
2021 年 2 月 19 日	3.813	3.826	2021 年 1 月 13 日	3.764	3.786	2020 年 12 月 10 日	3.848	3.923
2021 年 2 月 18 日	3.846	3.893	2021 年 1 月 12 日	3.77	3.778	2020 年 12 月 9 日	3.863	3.9
2021 年 2 月 10 日	3.79	3.8	2021 年 1 月 11 日	3.772	3.835	2020 年 12 月 8 日	3.86	3.917
2021 年 2 月 9 日	3.83	3.805	2021 年 1 月 8 日	3.754	3.754	2020 年 12 月 7 日	3.894	3.955
2021 年 2 月 8 日	3.797	3.826	2021 年 1 月 7 日	3.747	3.771	2020 年 12 月 4 日	3.918	3.945
2021 年 2 月 7 日	3.808	3.81	2021 年 1 月 6 日	3.764	3.772	2020 年 12 月 3 日	3.918	3.946
2021 年 2 月 5 日	3.791	3.838	2021 年 1 月 5 日	3.784	3.793	2020 年 12 月 2 日	3.925	3.955
2021 年 2 月 4 日	3.786	3.768	2021 年 1 月 4 日	3.795	3.825	2020 年 12 月 1 日	3.923	3.965

船舶固体废物等离子体处理及经济性分析

日期	收盘	开盘	日期	收盘	开盘	日期	收盘	开盘
2020 年 11 月 30 日	3.913	3.96	2020 年 10 月 28 日	3.878	3.905	2020 年 9 月 22 日	3.842	3.852
2020 年 11 月 27 日	3.923	3.973	2020 年 10 月 27 日	3.895	3.948	2020 年 9 月 21 日	3.876	3.84
2020 年 11 月 26 日	3.915	3.953	2020 年 10 月 26 日	3.898	3.988	2020 年 9 月 18 日	3.873	3.863
2020 年 11 月 25 日	3.918	4.003	2020 年 10 月 23 日	3.905	3.955	2020 年 9 月 17 日	3.843	3.95
2020 年 11 月 24 日	3.925	3.97	2020 年 10 月 22 日	3.883	3.954	2020 年 9 月 16 日	3.833	3.825
2020 年 11 月 23 日	3.93	3.98	2020 年 10 月 21 日	3.909	3.958	2020 年 9 月 15 日	3.826	3.876
2020 年 11 月 20 日	3.95	3.965	2020 年 10 月 20 日	3.936	3.926	2020 年 9 月 14 日	3.854	3.9
2020 年 11 月 19 日	3.954	4.028	2020 年 10 月 19 日	3.917	4.008	2020 年 9 月 11 日	3.833	3.843
2020 年 11 月 18 日	3.944	3.965	2020 年 10 月 16 日	3.923	3.925	2020 年 9 月 10 日	3.808	3.9
2020 年 11 月 17 日	3.923	3.966	2020 年 10 月 15 日	3.917	3.964	2020 年 9 月 9 日	3.804	3.84
2020 年 11 月 16 日	3.94	4.005	2020 年 10 月 14 日	3.918	3.936	2020 年 9 月 8 日	3.843	3.9
2020 年 11 月 13 日	3.93	3.955	2020 年 10 月 13 日	3.893	3.948	2020 年 9 月 7 日	3.86	3.815
2020 年 11 月 12 日	3.916	3.993	2020 年 10 月 12 日	3.92	3.946	2020 年 9 月 5 日	3.845	3.845
2020 年 11 月 11 日	3.907	3.955	2020 年 10 月 11 日	3.918	3.918	2020 年 9 月 4 日	3.827	3.865
2020 年 11 月 10 日	3.905	3.99	2020 年 10 月 10 日	3.915	3.915	2020 年 9 月 3 日	3.814	3.9
2020 年 11 月 9 日	3.907	3.97	2020 年 10 月 9 日	3.898	3.995	2020 年 9 月 2 日	3.782	3.79
2020 年 11 月 6 日	3.883	3.911	2020 年 9 月 30 日	3.857	3.882	2020 年 9 月 1 日	3.768	3.793
2020 年 11 月 5 日	3.868	3.933	2020 年 9 月 29 日	3.85	3.878	2020 年 8 月 31 日	3.768	3.81
2020 年 11 月 4 日	3.853	3.908	2020 年 9 月 28 日	3.852	3.88	2020 年 8 月 28 日	3.796	3.825
2020 年 11 月 3 日	3.867	3.913	2020 年 9 月 27 日	3.862	3.862	2020 年 8 月 27 日	3.781	3.802
2020 年 11 月 2 日	3.877	3.9	2020 年 9 月 25 日	3.844	3.855	2020 年 8 月 26 日	3.776	3.804
2020 年 10 月 30 日	3.89	3.931	2020 年 9 月 24 日	3.831	3.855	2020 年 8 月 25 日	3.76	3.78
2020 年 10 月 29 日	3.878	3.97	2020 年 9 月 23 日	3.844	3.842	2020 年 8 月 24 日	3.743	3.795

日期	收盘	开盘	日期	收盘	开盘	日期	收盘	开盘
2020 年 8 月 21 日	3.743	3.825	2020 年 7 月 21 日	3.694	3.762	2020 年 6 月 18 日	3.613	3.615
2020 年 8 月 20 日	3.764	3.798	2020 年 7 月 20 日	3.726	3.725	2020 年 6 月 17 日	3.593	3.6
2020 年 8 月 19 日	3.753	3.755	2020 年 7 月 17 日	3.722	3.733	2020 年 6 月 16 日	3.597	3.56
2020 年 8 月 18 日	3.728	3.76	2020 年 7 月 16 日	3.724	3.76	2020 年 6 月 15 日	3.53	3.48
2020 年 8 月 17 日	3.714	3.745	2020 年 7 月 15 日	3.738	3.77	2020 年 6 月 12 日	3.53	3.52
2020 年 8 月 14 日	3.74	3.768	2020 年 7 月 14 日	3.766	3.79	2020 年 6 月 11 日	3.543	3.612
2020 年 8 月 13 日	3.746	3.85	2020 年 7 月 13 日	3.773	3.79	2020 年 6 月 10 日	3.615	3.63
2020 年 8 月 12 日	3.755	3.765	2020 年 7 月 11 日	3.775	3.775	2020 年 6 月 9 日	3.608	3.6
2020 年 8 月 11 日	3.763	3.83	2020 年 7 月 10 日	3.753	3.8	2020 年 6 月 8 日	3.602	3.615
2020 年 8 月 10 日	3.764	3.793	2020 年 7 月 9 日	3.784	3.763	2020 年 6 月 5 日	3.603	3.6
2020 年 8 月 7 日	3.784	3.85	2020 年 7 月 8 日	3.745	3.725	2020 年 6 月 4 日	3.598	3.58
2020 年 8 月 6 日	3.74	3.77	2020 年 7 月 7 日	3.72	3.725	2020 年 6 月 3 日	3.575	3.562
2020 年 8 月 5 日	3.73	3.735	2020 年 7 月 6 日	3.705	3.645	2020 年 6 月 2 日	3.558	3.55
2020 年 8 月 4 日	3.716	3.75	2020 年 7 月 3 日	3.615	3.6	2020 年 6 月 1 日	3.522	3.55
2020 年 8 月 3 日	3.735	3.77	2020 年 7 月 2 日	3.592	3.653	2020 年 5 月 29 日	3.517	3.53
2020 年 7 月 31 日	3.703	3.73	2020 年 7 月 1 日	3.596	3.62	2020 年 5 月 28 日	3.512	3.536
2020 年 7 月 30 日	3.675	3.74	2020 年 6 月 30 日	3.606	3.62	2020 年 5 月 27 日	3.537	3.542
2020 年 7 月 29 日	3.673	3.7	2020 年 6 月 29 日	3.598	3.65	2020 年 5 月 26 日	3.544	3.53
2020 年 7 月 28 日	3.657	3.683	2020 年 6 月 28 日	3.605	3.605	2020 年 5 月 25 日	3.513	3.47
2020 年 7 月 27 日	3.641	3.61	2020 年 6 月 24 日	3.588	3.683	2020 年 5 月 22 日	3.483	3.503
2020 年 7 月 24 日	3.653	3.683	2020 年 6 月 23 日	3.663	3.665	2020 年 5 月 21 日	3.513	3.527
2020 年 7 月 23 日	3.672	3.715	2020 年 6 月 22 日	3.644	3.61	2020 年 5 月 20 日	3.528	3.547
2020 年 7 月 22 日	3.69	3.75	2020 年 6 月 19 日	3.636	3.625	2020 年 5 月 19 日	3.547	3.54

船舶固体废物等离子体处理及经济性分析

日期	收盘	开盘	日期	收盘	开盘	日期	收盘	开盘
2020 年 5 月 18 日	3.539	3.55	2020 年 4 月 16 日	3.31	3.307	2020 年 3 月 13 日	3.266	3.24
2020 年 5 月 15 日	3.513	3.527	2020 年 4 月 15 日	3.31	3.31	2020 年 3 月 12 日	3.227	3.25
2020 年 5 月 14 日	3.52	3.49	2020 年 4 月 14 日	3.303	3.292	2020 年 3 月 11 日	3.245	3.245
2020 年 5 月 13 日	3.49	3.475	2020 年 4 月 13 日	3.29	3.27	2020 年 3 月 10 日	3.232	3.235
2020 年 5 月 12 日	3.478	3.467	2020 年 4 月 10 日	3.264	3.227	2020 年 3 月 9 日	3.193	3.2
2020 年 5 月 11 日	3.465	3.43	2020 年 4 月 9 日	3.221	3.203	2020 年 3 月 6 日	3.318	3.368
2020 年 5 月 9 日	3.441	3.443	2020 年 4 月 8 日	3.197	3.22	2020 年 3 月 5 日	3.36	3.365
2020 年 5 月 8 日	3.423	3.405	2020 年 4 月 7 日	3.213	3.21	2020 年 3 月 4 日	3.35	3.402
2020 年 5 月 7 日	3.388	3.365	2020 年 4 月 3 日	3.288	3.25	2020 年 3 月 3 日	3.411	3.435
2020 年 5 月 6 日	3.363	3.35	2020 年 4 月 2 日	3.293	3.28	2020 年 3 月 2 日	3.396	3.348
2020 年 5 月 4 日	3.348	3.348	2020 年 4 月 1 日	3.27	3.285	2020 年 2 月 28 日	3.393	3.428
2020 年 4 月 30 日	3.333	3.3	2020 年 3 月 31 日	3.286	3.318	2020 年 2 月 27 日	3.446	3.465
2020 年 4 月 29 日	3.3	3.321	2020 年 3 月 30 日	3.313	3.3	2020 年 2 月 26 日	3.462	3.47
2020 年 4 月 28 日	3.321	3.318	2020 年 3 月 27 日	3.288	3.309	2020 年 2 月 25 日	3.448	3.47
2020 年 4 月 27 日	3.316	3.345	2020 年 3 月 26 日	3.304	3.315	2020 年 2 月 24 日	3.448	3.47
2020 年 4 月 26 日	3.316	3.313	2020 年 3 月 25 日	3.328	3.36	2020 年 2 月 21 日	3.516	3.535
2020 年 4 月 24 日	3.318	3.333	2020 年 3 月 24 日	3.33	3.373	2020 年 2 月 20 日	3.513	3.545
2020 年 4 月 23 日	3.325	3.367	2020 年 3 月 23 日	3.34	3.31	2020 年 2 月 19 日	3.5	3.55
2020 年 4 月 22 日	3.377	3.398	2020 年 3 月 20 日	3.377	3.413	2020 年 2 月 18 日	3.524	3.514
2020 年 4 月 21 日	3.388	3.371	2020 年 3 月 19 日	3.408	3.376	2020 年 2 月 17 日	3.525	3.48
2020 年 4 月 20 日	3.371	3.325	2020 年 3 月 18 日	3.374	3.365	2020 年 2 月 14 日	3.46	3.43
2020 年 4 月 18 日	3.336	3.336	2020 年 3 月 17 日	3.327	3.315	2020 年 2 月 13 日	3.429	3.466
2020 年 4 月 17 日	3.33	3.31	2020 年 3 月 16 日	3.3	3.25	2020 年 2 月 12 日	3.457	3.5

日期	收盘	开盘	日期	收盘	开盘	日期	收盘	开盘
2020 年 2 月 11 日	3.433	3.4	2020 年 1 月 22 日	3.648	3.653	2020 年 1 月 10 日	3.711	3.735
2020 年 2 月 10 日	3.393	3.39	2020 年 1 月 21 日	3.653	3.7	2020 年 1 月 9 日	3.725	3.795
2020 年 2 月 7 日	3.438	3.44	2020 年 1 月 20 日	3.677	3.72	2020 年 1 月 8 日	3.723	3.755
2020 年 2 月 6 日	3.439	3.475	2020 年 1 月 17 日	3.704	3.71	2020 年 1 月 7 日	3.741	3.8
2020 年 2 月 5 日	3.463	3.473	2020 年 1 月 16 日	3.693	3.74	2020 年 1 月 6 日	3.727	3.73
2020 年 2 月 4 日	3.453	3.465	2020 年 1 月 15 日	3.698	3.698	2020 年 1 月 3 日	3.768	3.818
2020 年 2 月 3 日	3.418	3.45	2020 年 1 月 14 日	3.695	3.703	2020 年 1 月 2 日	3.745	3.74
2020 年 1 月 23 日	3.585	3.625	2020 年 1 月 13 日	3.689	3.71			

船舶固体废物等离子体处理及经济性分析

广州碳排放权交易所 2020 年碳交易行情

（数据来源：http://www.cnemission.com/article/hqxx/）

日期	成交数量	成交金额/元	日期	成交数量	成交金额/元	日期	成交数量	成交金额/元
20201231	565105.00	15834783	20201130	307527.00	8721889.1	20201105	6020	166625.00
20201230	21968.00	623271.56	20201129	2144.00	59344	20201104	1000	27210.00
20201229	13361.00	376389.07	20201128	229922.00	6821235.9	20201103	999	27862.11
20201228	1050.00	28960	20201127	662683.00	19698232	20201102	196359	5459788.51
20201225	309044.00	8448852	20201126	1397844.00	38768972	20201030	1939	53258.12
20201224	442407.00	10676740	20201125	519168.00	13511055	20201029	13278	364987.50
20201223	49956.00	1405806.6	20201124	486954.00	12734116	20201028	12540	342822.40
20201222	11576.00	326900.1	20201123	325622.00	9567469	20201027	51304	1335480.13
20201221	10945.00	308409.16	20201122	72000.00	2069523	20201026	38083	1047434.89
20201218	55912.00	1584539.3	20201121	192088.00	5372020.9	20201023	166163	4569548.40
20201217	134120.00	3589437	20201120	523966.00	14039840	20201022	200388	5067817.44
20201216	126500.00	3503600	20201119	930225.00	24610871	20201021	168494	4630328.76
20201215	126719.00	3374268.9	20201118	30981.00	872914.41	20201020	102647	3087728.74
20201214	173811.00	4712879.2	20201117	70488.00	1974788	20201019	315654	7915710.94
20201211	556122.00	12647769	20201116	317731	9347511.19	20201016	363998	8930671.64
20201210	17717.00	287416.12	20201115	1166	31932.08	20201015	41321	1120320.48
20201209	32708.00	927463	20201114	20687	575285.08	20201014	147142	4039261.29
20201208	24192.00	680292.96	20201113	129220	3591004.07	20201013	321342	8150664.90
20201207	89672.00	2518468.5	20201112	134996	3758823.66	20201012	119170	3317553.09
20201204	42310.00	1192785.8	20201111	92555	2562974.95	20201009	435702	11165113.24
20201203	57295.00	1610642.5	20201110	31800	870913.00	20200930	481	13241.66
20201202	171000.00	4278000	20201109	55812	1567009.20	20200929	353641	10061993.62
20201201	83066.00	2301915.2	20201106	2475	67813.07	20200928	266122	6696546.74

日期	成交数量	成交金额/元	日期	成交数量	成交金额/元	日期	成交数量	成交金额/元
20200925	115573	3233111.87	20200819	20000.00	565200	20200713	66442	1852249.36
20200924	97618	2675719.82	20200818	10001.00	280428.33	20200710	232201	6571884.68
20200923	98532	2757787.12	20200817	20000.00	565900	20200709	43900	1227560.00
20200922	90298	2466178.82	20200814	10001.00	280228.2	20200708	53010	1350963.96
20200921	116888	3260171.51	20200813	110.00	3111.9	20200707	457351	12799100.60
20200918	214004.00	5782330.4	20200812	22212.00	621939.52	20200706	22061	598145.60
20200917	106273.00	2975892.1	20200811	9250.00	259159	20200703	27506	756214.55
20200916	115047.00	3183869	20200810	11570.00	325609.81	20200702	24071	658242.50
20200915	138365.00	3875170.3	20200807	22284.00	628455.84	20200701	119933	3708924.11
20200914	122134.00	3340397.2	20200806	10301.00	288441.92	20200630	162969	5015329.51
20200911	114991.00	3225804.6	20200805	26101.00	730829.2	20200629	181954	4923124.89
20200910	8863.00	246981.6	20200804	1412.00	39391.44	20200624	100001	1706027.75
20200909	38791.00	1080766.1	20200803	499531.00	7252840.6	20200623	182244	4631160.40
20200908	67679.00	1863576.8	20200731	67701.00	1919191.5	20200622	274582	7475961.81
20200907	33501.00	931802.2	20200730	40234.00	1127166.6	20200619	161067	4803985.35
20200904	10001.00	277028	20200729	200117	4603317.67	20200618	160614	4041574.92
20200903	10342.00	287623.88	20200728	168101	4963910.38	20200617	514985	7779872.12
20200902	115001.00	3218027.8	20200727	190	5284.50	20200616	277481	8078575.54
20200901	164000.00	3843260	20200724	226613	4951386.66	20200615	354821	8184194.81
20200831	225400.00	5935000	20200723	61300	1810910.00	20200612	155823	4661589.59
20200828	11001.00	304633.1	20200722	180	5176.80	20200611	428652	9025595.10
20200827	11451.00	319688.2	20200721	2201	61594.17	20200610	64673	1794904.44
20200826	3212.00	89781.14	20200720	177	5040.96	20200609	13025	361713.41
20200825	25903.00	726870.12	20200717	13190	367423.28	20200608	226137	5857571.34
20200824	210501.00	6264783.3	20200716	202001	5654807.48	20200605	319073	2792497.94
20200821	29736.00	836087.01	20200715	52001	1365707.58	20200604	203629.00	5846499.6
20200820	11010.00	309382.1	20200714	1101	30242.90	20200603	10193.00	291903.99

日期	成交数量	成交金额/元	日期	成交数量	成交金额/元	日期	成交数量	成交金额/元
20200602	150476.00	2972457.3	20200421	211550.00	4922309.2	20200312	76984	2303912.21
20200601	308070.00	7545427.2	20200420	321961.00	8316379.3	20200311	16664	499965.49
20200529	335695.00	3272876.4	20200417	260059.00	6037994.8	20200310	6551	197752.40
20200528	218755.00	5294116.5	20200416	255722.00	6589013.7	20200309	31432	911722.29
20200527	521296.00	6774592.8	20200415	506360.00	12757161	20200306	12801	393429.50
20200526	31773.00	889943.74	20200414	694712.00	15073361	20200305	25958	780703.03
20200525	339677.00	7281681.6	20200413	1875.00	54113.04	20200304	10294	317498.86
20200522	12603.00	349763.27	20200410	157944.00	3980483.6	20200303	9994	301421.70
20200521	8676.00	244296.36	20200409	37584.00	1101208.39	20200302	468842	12694782.35
20200520	34606.00	960480.54	20200408	3003	91059.25	20200228	485221	13655020.53
20200519	14348.00	408794.88	20200407	45589	1339729.23	20200227	426880	11559705.96
20200518	8504.00	240459.16	20200403	325065	3885558.00	20200226	426192	12040746.39
20200515	312808.00	8883181.2	20200402	35495	1043761.63	20200225	531563	14379666.57
20200514	11289.00	319428.33	20200401	338482	5667549.00	20200224	413011	11773656.16
20200513	160004.00	4479873.5	20200331	218346	6548406.08	20200221	412234	11151508.74
20200512	15551.00	432838.32	20200330	113645	3603624.36	20200220	8342	237087.89
20200511	10032.00	281836.77	20200327	187563	5605392.77	20200219	44347	1208708.61
20200508	13159.00	369902.05	20200326	4597	139262.56	20200218	2384	67667.93
20200507	12382.00	349244.64	20200325	2502	74354.83	20200217	5401	154251.00
20200506	5694.00	161271.96	20200324	4774	146055.47	20200214	18188	515428.99
20200430	26627.00	743852.44	20200323	1243	37345.49	20200213	2718.00	77488.48
20200429	18001.00	506620.06	20200320	5397	162017.20	20200212	17259.00	482183.2
20200428	459917.00	13476668	20200319	1894	56192.00	20200211	13860.00	389854.9
20200427	16816.00	478811.36	20200318	1953	60133.70	20200210	3368.00	99042.96
20200424	17041.00	480899.23	20200317	29407	880865.70	20200123	135430.00	3676266.7
20200423	20496.00	574777.34	20200316	1801	53887.10	20200122	115824.00	3088809.7
20200422	9859.00	279880.26	20200313	17137	513735.13	20200121	39369.00	1083402

日期	成交数量	成交金额/元	日期	成交数量	成交金额/元	日期	成交数量	成交金额/元
20200120	19227.00	560174.31	20200113	25366.00	735947.01	20200107	2700.00	78929
20200117	1869.00	53734.12	20200110	11100.00	321825	20200106	6502.00	184859.8
20200116	67200.00	1924904.7	20200109	16460.00	476263	20200103	2485.00	70572.99
20200115	4844.00	136586.92	20200108	1939.00	54866	20200102	6225.00	174505.31
20200114	2814.00	84881.32						